AF499616

ESSAI ANALYTIQUE

DE

GÉOMÉTRIE PLANE.

PREMIERE PARTIE.

DISCUSSION DES LIGNES DU PREMIER ET DU SECOND ORDRES.

Paris. Imprimerie de Béthune.

ESSAI ANALYTIQUE

DE

GÉOMÉTRIE PLANE.

PAR F.-H. FRANCFORT.

PARIS,

CHEZ MM. BACHELIER PÈRE ET FILS, LIBRAIRES,

QUAI DES AUGUSTINS, n° 55.

1831.

A

MON PÈRE.

Témoignage

DE MA RECONNAISSANCE.

AVERTISSEMENT.

Cet ouvrage, fruit de mes premières recherches mathématiques, offrira les applications de l'analyse à la géométrie plane; il sera divisé en trois parties, ayant chacune un titre particulier et forment un volume de trois cents pages environ. La première partie que je publie aujourd'hui sous le titre secondaire de *Discussion des lignes du 1er et du 2e ordres*, renferme en outre des théories nouvelles des *foyers* et des *sommets*. On y trouvera de nouvelles démonstrations de plusieurs théorèmes, ainsi qu'une méthode très simple des *diamètres*, qui a le double avantage de pouvoir être employée à la recherche des *tangentes* et des *asymptotes*; théories que je me propose d'exposer dans la seconde partie de cet ouvrage, en y joignant une discussion de l'équation polaire du 1er et du 2e degré.

Quant à la troisième partie, elle renfermera les propriétés particulières à chacune des courbes du second ordre, c'est-à-dire, à l'ellipse, au cercle, à l'hyperbole et à la parabole; une nouvelle manière de prouver l'identité de ces courbes avec les sections coniques, ainsi qu'un certain nombre d'applications remarquables des principes établis dans les deux premières parties.

Dans la solution des différents problèmes, j'ai cherché à concilier la rigueur des démonstrations avec la simplicité des méthodes, et je me suis principalement attaché à ne déduire les propriétés des lignes des deux premiers ordres que du calcul. Peut-être me reprochera-t-on de ne point avoir fait précéder cet ouvrage de quelques considérations sur les applications de l'algèbre aux problèmes déterminés de géométrie? Toutefois si je m'en suis abstenu, c'est que j'ai pensé qu'il n'y avoit à cet égard que peu de chose à ajouter aux excellents ouvrages de MM. *Biot*, *de Foury*, et *Bourdon*.

Quant aux lieux géométriques, j'ai cru ne devoir en parler, afin d'être bien compris, que dans la troisième partie.

Du reste, en composant cet ouvrage, j'ai mis à profit les travaux des géomètres qui ont écrit sur le même sujet, ainsi que les lumières de quelques savants qui ont bien voulu me diriger de leurs conseils.

ESSAI ANALYTIQUE

DE

GÉOMÉTRIE PLANE.

PRÉLIMINAIRES.

De l'objet de la géométrie analytique. De quelques définitions et formules.

Lorsqu'un point M se meut sur un plan de manière à y demeurer toujours tangent, la trace des diverses sinuosités de ce point est ce que l'on appelle généralement *ligne plane :* ces lignes prennent d'ordinaire le nom de *courbes planes* lorsqu'elles diffèrent de la droite. L'objet de la *géométrie analytique plane* est d'exposer les méthodes à l'aide desquelles l'algèbre peut être appliquée aux recherches des propriétés de ces lignes, soit absolument, soit par rapport à d'autres lignes déterminées. On conçoit d'ailleurs que l'analyse algébrique puisse être employée à la recherche des grandeurs géométriques, puisque les lignes, les surfaces, les solides peuvent être rapportés à une unité de mesures et évalués en nombres, lesquels, pour plus de généralité, pourront être représentés par des lettres.

Tous problèmes de géométrie imaginables et même en général toutes les considérations géométriques, portant sur les positions relatives des points de l'espace, notre premier pas doit donc avoir pour but de rechercher comment ces positions peuvent être exprimées et fixées par un énoncé analytique.

L'espace tel que les géomètres le considèrent est une étendue indéfinie dans laquelle on conçoit que tous les corps sont placés. On ne peut donc y déterminer le lieu absolu des corps, mais seulement leurs situations relatives qui sont les seules dont la connaissance nous soit nécessaire, et pour cela on rapporte ces points à des objets fixes dont on suppose que la position en est connue.

C'est ainsi que, pour appliquer l'analyse à la géométrie considérée dans les deux dimensions, il faut, sur un plan, chercher d'abord le moyen d'exprimer par des équations la position des points et des lignes.

Or, à cet effet deux méthodes sont généralement employées. On détermine, par la première, la position d'un point dans un plan à l'aide de deux *coordonnées rectangulaires* x, y relatives à deux axes des x et des y passant par l'*origine* des coordonnées et situées dans ce plan. Ces coordonnées seront *orthogonales*, *rectangulaires* ou *obliques*, selon que ces *axes coordonnés* seront ou non perpendiculaires entre eux.

Nous nommerons, en général, *axe* une droite menée par un point quelconque du plan et prolongée indéfiniment dans les deux sens; nous dirons qu'un axe de cette espèce se divise en deux *demi-axes* aboutissant au point que l'on considère et dont chacun se prolonge indéfiniment dans un seul sens. Par conséquent chacun de ces demi-axes aura toujours une direction donnée. Si l'on considère en particulier les deux axes des x, y, chacun d'eux sera divisé à l'origine en deux demi-axes sur lesquels se compteront les coordonnées *positives* tandis que l'on comptera sur l'autre les coordonnées *négatives*. Le point M sera donc complètement déterminé par les équations

$$x = a, \quad y = b$$

Si l'on tient compte des signes des quantités a et b; autrement, il y aurait quatre solutions puisque les deux axes coordonnés forment en s'entrecoupant quatre angles plans, dans chacun desquels le point M pourrait être placé à des distances absolues a, b.

D'après ces définitions, il est clair que, si l'on ne considère seulement que des angles qui renferment au plus 200 degrés (*nouvelle division*), deux axes ou deux droites, tracés de manière à se couper, comprendront toujours entre eux deux angles, l'un aigu, l'autre obtus, tandis que deux directions ou deux demi-axes aboutissant à un point formeront un seul angle, tantôt aigu, tantôt obtus.

Cela posé, lorsque tous les points déduits d'une équation $\varphi(x, y) = 0$ sont autant de points d'une courbe, cette équation est dite *celle de la courbe*, et l'ensemble de tous les points dont les coordonnées satisfont à la relation $\varphi(x, y) = 0$ est nommé *lieu géométrique* de cette équation. D'ailleurs, selon que cette équation sera du 1er, du 2e,.... du n^e degré, la courbe qu'elle représente sera du 1er, du 2e et en général du n^e *ordre*. Conséquemment, une courbe ne saurait être coupée par une droite en plus de points qu'il y a d'unités dans le degré de son équation. *Établir l'équation rectiligne* ou simplement *l'équation d'une courbe*, c'est formuler algébriquement la relation qui existe entre l'abscisse x et l'ordonnée y de chaque point de cette courbe.

Pour trouver cette relation, c'est-à-dire l'équation d'une ligne déterminée par des conditions géométriques données, la méthode générale consiste à considérer un point quelconque de ce lieu, et à exprimer algébriquement, au moyen de ses coordonnées, et d'autres quantités connues ou inconnues, toutes les conditions auxquelles ce point est assujéti par la question : il en résultera des équations qui renfermeront le plus souvent, outre les coordonnées du point du lieu, d'autres variables qui en dépendront. Or, comme on ne cherche qu'une équation où les seules variables soient ces coordonnées, il faudra au moyen de ces équations, éliminer toutes les variables étrangères, et l'équation à laquelle on parviendra sera l'équation cherchée : car elle existera entre les coordonnées d'un point quelconque du lieu proposé et elle ne conviendra qu'à ces points, si les équations employées représentent fidèlement les conditions géométriques, et si le calcul n'a pas introduit de solutions étrangères.

Cependant, il est à remarquer que souvent, soit par des considérations auxiliaires dépendantes des données et de la position d'une courbe, soit par des subtilités de calcul, la recherche de l'équation de cette courbe se simplifie beaucoup. Nous aurons lieu fréquemment, dans le cours de cet ouvrage, de mettre à l'évidence cette assertion.

On conçoit que les propriétés des courbes sont d'autant plus faciles à déduire de leur équation que les constantes qui entrent dans ces équations ont plus de rapport avec les grandeurs mis en jeu pour les démontrer. C'est cette considération qui a engagé les géomètres à trouver une seconde méthode pour fixer analytiquement la position d'un point sur un plan ; tel est à cet effet le moyen dont ils se sont servi.

Soit une droite, $\overline{AM}$, menée d'un point (A) supposée fixe à un point (M), supposée mobile; cette droite sera généralement désignée sous le nom de *rayon vecteur;* et, afin de bien distinguer les deux espèces de mouvement que peut prendre le rayon vecteur, assujéti à passer par l'origine (O) et à tourner autour de ce point, nous dirons que ce rayon mobile a dans ce plan un mouvement *direct* de rotation s'il passe successivement de la position OX à la position OY ; nous dirons, dans le cas contraire, que le même rayon vecteur a un mouvement de rotation *rétrograde*.

Nommons R la longueur du rayon vecteur $\overline{AM}$;

$$x_0\,,\ y_0\,,$$

les coordonnées du point (A);

$$x\,,\ y\,,$$

celles du point (M);

$$a\,,\ b\,;$$

les angles que forme la direction $\overline{AM}$ avec les demi-axes des coordonnées positives.

$$\pi - a, \ \pi - b$$

seront les angles formés par le même rayon vecteur avec les demi-axes des coordonnées négatives. De plus la *projection orthogonale* du rayon vecteur sur l'axe des x sera égale d'après un théorème connu de trigonométrie au produit de ce rayon vecteur par le cosinus de l'angle aigu qu'il forme avec l'axe des x prolongé dans un certain sens. Cette projection se trouve donc représentée, si l'angle a est aigu, par le produit

$$R \cos a;$$

et si l'angle a est obtus, par le produit

$$R \cos (\pi - a) = - R \cos a,$$

c'est-à-dire dans les deux cas, par la valeur numérique du produit

$$R \cos a.$$

Il est évident 1° que le rayon vecteur projeté, si on lui donne pour origine la projection du point (A), sera dirigé dans le sens des x positives ou dans le sens des x négatives, suivant que l'angle a sera aigu ou obtus; 2° que le produit $R \cos a$ sera équivalent à la projection du rayon vecteur R sur l'axe des x, prise avec le signe $+$ ou avec le signe $-$, suivant que la projection sera dirigée dans le sens des x positives ou dans le sens des x négatives.

De même le produit $R \cos b$ sera égal à la projection octogonale du rayon vecteur R sur l'axe des y prise tantôt avec le signe $+$, tantôt avec le signe $-$, suivant que chacune de ces projections sera dirigée dans le sens des ordonnées positives ou négatives.

Les deux projections octogonales du rayon vecteur prise avec les signes que nous venons d'indiquer sont ce que nous appellerons désormais ses *projections algébriques*, sur les axes des x et des y. Elles sont en vertu de ce qui précède, équivalentes aux deux produits

$$R \cos a, \quad R \cos b.$$

De plus, il est facile de s'assurer qu'elles sont respectivement égales aux deux différences

$$x - x_0, \quad y - y_0.$$

quand les axes des coordonnées seront perpendiculaires entr'eux. On aura donc alors

(1) $$x - x_0 = R\cos a, \qquad y - y_0 = R\cos b.$$

Enfin comme le rayon vecteur et ses projections octogonales représentent la diagonale et les côtés d'un rectangle, le carré du rayon vecteur sera équivalent à la somme des carrés des deux progations et l'on aura encore dans l'hypothèse admise

(2) $$R^2 = (x - x_0)^2 + (y - y_0)^2$$

ou

(3) $$R = [(x - x_0)^2 + (y - y_0)^2]^{\frac{1}{2}}.$$

Cela posé, on tirera des équations (1) et (3)

(4) $$\left\{ \begin{aligned} \cos a &= \frac{x - x_0}{R} = \frac{x - x_0}{[(x - x_0)^2 + (y - y_0)^2]^{\frac{1}{2}}}, \\ \cos b &= \frac{y - y_0}{R} = \frac{y - y_0}{[(x - x_0) + (y - y_0)^2]^{\frac{1}{2}}}, \end{aligned} \right.$$

et par suite

(5) $$\cos a^2 + \cos b^2 = 1.$$

Les équations (4) suffisent pour déterminer les angles a, b, que forme avec les demi-axes des coordonnées positives le rayon vecteur mené du point (x_0, y_0) au point (x, y) ; elles peuvent être remplacées par la seule formule

(6) $$\frac{x - x_0}{\cos a} = \frac{y - y_0}{\cos b} = R;$$

quant à la formule (5), elle exprime la relation qui existe toujours entre les deux angles que forment une droite prolongée dans un sens quelconque avec les demi-axes des coordonnées positives.

Supposons à présent qu'au point (x_0, y_0) l'on substitue l'origine même des coordonnées si l'on désigne par r le rayon vecteur mené de cette origine au point (x, y) et par α, β les angles que forme ce rayon vecteur avec les demi-axes des coordonnées positives, les formules (1), (3), (4) se trouvent remplacées par les suivantes :

(7) $$x = r\cos\alpha, \qquad y = r\cos\beta,$$

$$r = [x^2 + y^2]^{\frac{1}{2}}, \tag{8}$$

$$\cos\alpha = \frac{x}{r}, \qquad \cos\beta = \frac{y}{r} \tag{9}$$

et l'on aura entre les angles α, β la relation

$$\cos^2\alpha + \cos^2\beta = 1, \tag{10}$$

d'où on tire

$$\cos\beta = \pm\sqrt{(1 - \cos^2\alpha)} = \pm\sin\alpha. \tag{11}$$

Concevons maintenant qu'un rayon vecteur mobile, partant de la position $\overline{OX}$ dans laquelle il coïncidait avec le demi-axe des x positives, se meuve autour de l'origine (O) dans le plan des x, y, avec un mouvement direct de rotation, et parvienne à la position $\overline{OM}$ après une ou plusieurs révolutions effectuées autour de cette origine. Si l'on nomme p *l'angle décrit* et qui peut être supérieur à 400 degrés, r et p seront ce qu'on appelle les *coordonnées polaires* du point M. Ainsi *établir l'équation polaire d'une courbe*, c'est formuler algébriquement la relation qui existe entre les coordonnées polaires des points de cette courbe. Souvent il est utile, comme nous l'avons fait observer, de connaître l'équation polaire d'une courbe; et à cet effet il suffit de substituer aux coordonnées rectangulaires les coordonnées polaires r et p liées aux variables x, y par les formules

$$x = r\cos p, \qquad y = r\sin p, \tag{12}$$

d'où

$$\cos p = \frac{x}{r}, \qquad \sin p = \frac{y}{r}; \tag{13}$$

et si l'on compare ces dernières équations aux formules (9), on en conclut

$$\cos p = \cos\alpha, \qquad \sin p = \cos\beta. \tag{14}$$

Il ne s'ensuit pas que les angles α et β soient nécessairement égaux à l'angle p et à son supplément, car les angles α et β doivent rester inférieurs à 200 degrés, tandis que l'angle p peut croître au-delà de toute limite. On doit même observer qu'à un seul point (M) correspondent une infinité de valeurs de p qui diffèrent les unes des autres par des multiples du nombre 2π. Enfin rien n'empêche d'admettre que, pour passer de la position $\overline{OX}$ à la position $\overline{OM}$, le rayon vecteur mobile a décrit l'angle p, en vertu d'un mouvement rétrograde, et d'attribuer en conséquence à cet angle une valeur négative, tandis que les angles α, β sont, d'après les conventions faites, des quantités essentiellement positives comprises entre les limites 0 et π. Pour plus de commodité, le demi-axe des x positives, à partir duquel on compte l'angle p, sera nommé dorénavant *demi-axe polaire;* quant à la quantité r, par laquelle on désigne le rayon vecteur mené de l'origine ou *pole* à un point mobile, il est utile de remarquer qu'elle doit toujours être positive.

A l'aide des principes ci-dessus établis, nous pourrons résoudre le problème suivant qui terminera ces préliminaires.

PROBLÈME. *Trouver l'angle compris entre deux rayons vecteurs tracés dans le même plan des* x, y *et menés de l'origine, le premier au point* (x_0, y_0), *le second au point* (x, y), *ainsi que la surface du triangle renfermé entre ces mêmes rayons.*

Solution. Soit (M) et (M_1) les deux points que l'on considère et (O) l'origine des coordonnées; soient, en outre, p_0, r_0 les coordonnées polaires du point (M) et p, r celles du point (M_1). Désignons par α_0 et α les angles que les rayons vecteurs $\overline{OM}$, $\overline{OM}_1$ forment avec le demi-axe des x positives, et β_0, β les angles qu'ils forment avec le demi-axe des y positives. Enfin nommons φ l'angle MOM_1 compris entre les deux rayons vecteurs. Un rayon vecteur mobile qui décrirait cet angle, nécessairement inférieur à 200 degrés, en passant directement de la position OM à la position $\overline{OM}_1$, aurait évidemment dans le plan des x, y un mouvement de rotation déterminé ou direct ou rétrograde. Cela posé, concevons que le rayon vecteur mobile, avant de parvenir à la position OM ait décrit, avec un mouvement de rotation direct et en partant de la position $\overline{OX}$, un angle quelconque qui pourra surpasser la somme de quatre angles droits; cet angle sera l'une des valeurs qu'il est permis d'attribuer à la coordonnée polaire p_0. De plus, si, en passant de la position OM à la position OM_1 le rayon vecteur continue de se mouvoir dans le même sens, l'angle $p_0+\varphi$ qu'il aura décrit quand il sera parvenu à la position OM_1 sera l'une des valeurs qu'il est permis d'attribuer à la coordonnée polaire p. On aura donc dans cette hypothèse

$$p=p_0+\varphi; \tag{15}$$

au contraire, si, pour revenir de la position OM à la position OM_1 le rayon vecteur est obligé de prendre un mouvement de rotation rétrograde, l'une des valeurs de p sera évidemment

$$p=p_0-\varphi; \tag{16}$$

donc, par suite, on pourra supposer

$$p - p_0 = \pm \varphi. \tag{17}$$

Le signe $+$ ou le signe $-$ devant être préférés, suivant que le mouvement de rotation d'un rayon vecteur mobile, passant de la position OM à la position OM_1, de manière à décrire l'angle MOM_1, sera un mouvement direct ou rétrograde. Or, on tirera de la formule (17)

$$\cos\varphi = \cos(p - p_0) = \cos p_0 \cos p + \sin p_0 \sin p, \tag{18}$$

$$\pm \sin\varphi = \sin(p - p_0) = \cos p_0 \sin p - \cos p \sin p_0; \tag{19}$$

et comme on aura d'ailleurs, en vertu des formules (14),

$$\left\{ \begin{array}{ll} \cos p = \cos\alpha, & \sin p = \cos\beta, \\ \cos p_0 = \cos\alpha_0, & \sin p_0 = \cos\beta_0, \end{array} \right. \tag{20}$$

on trouvera définitivement

$$\cos\varphi = \cos\alpha_0 \cos\alpha + \cos\beta_0 \cos\beta, \tag{21}$$

$$\pm \sin\varphi = \cos\alpha_0 \cos\beta - \cos\alpha \cos\beta_0. \tag{22}$$

Si à la place des formules (20) on substituait les suivantes

$$\left\{ \begin{array}{ll} \cos p = \dfrac{x}{r}, & \sin p = \dfrac{y}{r}, \\ \cos p_0 = \dfrac{x_0}{r_0}, & \sin p_0 = \dfrac{y_0}{r_0}, \end{array} \right. \tag{23}$$

les équations (21) et (22) deviendraient respectivement

$$\cos\varphi = \frac{x_0 x + y_0 y}{r_0 r}, \tag{24}$$

$$\pm \sin\varphi = \frac{x_0 y - x y_0}{r_0 r}. \tag{25}$$

Il suffit de recourir à l'équation (21) ou (22) pour déterminer l'angle φ, qui est censé toujours positif et inférieur à π. Quant à la surface du triangle compris entre les rayons vecteurs r_0, r, elle sera, d'après un théorème connu de trigonométrie, équivalente à la moitié du produit

$$(26) \qquad r_0 r \sin\varphi = \pm (x_0 y - x y_0).$$

Il est essentiel d'observer que la différence $x_0 y - x y_0$ devra être, dans le second membre de la formule (26), affectée du même signe que l'angle φ dans le second membre de l'équation (17). Par suite, l'expression

$$(27) \qquad \frac{1}{2}(x_0 y - x y_0)$$

représentera la surface du triangle OMM_1, ou la même surface prise en signe contraire, suivant que le mouvement de rotation d'un rayon vecteur mobile, passant de la position OM à la position OM_1, sera direct ou rétrograde.

Corollaire I. Lorsque les rayons vecteurs OM, OM_1 font partis d'une même droite, on a

$$(28) \qquad \varphi = 0 \quad \text{ou} \quad \varphi = \pi \quad \text{et} \quad \sin\varphi = 0;$$

alors on tire des équations (19), (22) et (25), en se rappelant qu'en vertu d'un théorème d'analyse, la formule

$$\frac{u}{v} = \frac{u'}{v'} = \frac{u''}{v''} =$$

entraîne toujours la suivante

$$(29) \qquad \frac{u}{v} = \frac{u}{v} = \frac{u''}{v''} \ldots\ldots = \pm \frac{\sqrt{(u^2 + u'^2 + u''^2 + \ldots)}}{\sqrt{(v^2 + v'^2 + v''^2 + \ldots)}},$$

$$(30) \qquad \tang p = \tang p_0,$$

$$(31) \qquad \frac{\cos\alpha}{\cos\alpha_0} = \frac{\cos\beta}{\cos\beta_0} = \pm \frac{\sqrt{(\cos^2\alpha + \cos^2\beta}}{\sqrt{(\cos^2\alpha_0 + \cos^2\beta_0}} = \pm 1,$$

$$(32) \qquad \frac{x}{x_0} = \frac{y}{y_0} = \pm \frac{\sqrt{(x^2 + y^2)}}{\sqrt{(x_0^2 + y_0^2)}} = \pm \frac{r}{r_0}.$$

Les doubles signes que renferment les formules (31), (32) doivent se réduire au signe $+$, lorsque les rayons vecteurs r_0, r sont dirigés dans le même sens, et au signe $-$ lorsque ces rayons sont dirigés en sens contraires.

Corollaire II. Lorsque les rayons vecteurs OM, OM_1 sont perpendiculaires entre eux, on a

$$(33)\qquad \varphi = \frac{\pi}{2} \text{ et } \cos\varphi = 0;$$

alors on tire des formules (18), (21), (24)

$$(34)\qquad 1 + \operatorname{tang} p \operatorname{tang} p = 0,$$

$$(35)\qquad \cos\alpha_0 \cos\alpha + \cos\beta_0 \cos\beta = 0,$$

$$(36)\qquad x_0 x + y_0 y = 0.$$

Ces trois dernières équations peuvent être facilement transformées l'une dans l'autre.

Corollaire III. En s'appuyant sur la formule (24), on peut facilement transformer les coordonnées rectangulaires x, y en d'autres coordonnées rectangulaires ξ, η comptées sur des axes qui passent toujours par le point (O) et qui, prolongées dans le sens des coordonnées positives, forment respectivement avec les demi-axes des x, y positives, le premier les angles α_0, β_0, le second α_1, β_1. En effet, soit toujours r le rayon vecteur mené de l'origine au point x, y, on aura

$$(37)\qquad r^2 = x^2 + y^2 = \xi^2 + \eta^2;$$

de plus, les cosinus des angles que forment, d'une part, le rayon vecteur, et de l'autre, le demi-axe des ξ positives avec les demi-axes x, y positives, étant respectivement

$$\frac{x}{r}, \qquad \frac{y}{r},$$

$$\cos\alpha_0, \qquad \cos\beta_0,$$

la somme des produits qu'on obtient en multipliant ces cosinus deux à deux, savoir :

$$(38)\qquad \frac{x\cos\alpha_0 + y\cos\beta_0}{r},$$

représentera [en vertu de la formule (21)], le cosinus de l'angle compris entre le demi-axe des ξ et le rayon vecteur r. Ce dernier cosinus pouvant d'ailleurs être exprimé par le rapport $\frac{\xi}{r}$, on aura nécessairement

$$\frac{\xi}{r} = \frac{x\cos\alpha_0 + y\cos\beta_0}{r},$$

et par suite, on trouvera

$$(39)\qquad \begin{cases} \xi = x\cos\alpha_0 + y\cos\beta_0, \\ \eta = x\cos\alpha_1 + y\cos\beta_1. \end{cases}$$

Les équations (39) suffisent pour déterminer ξ, η en fonction de x, y et réciproquement. On peut y changer les coordonnées ξ, η avec les coordonnées x, y pourvu que l'on y change en même temps α_1 avec β_0. On trouvera de même

$$(40)\qquad \begin{cases} x = \xi\cos\alpha_0 + \eta\cos\alpha_1, \\ y = \xi\cos\beta_0 + \eta\cos\beta_1. \end{cases}$$

Enfin comme les nouveaux axes des coordonnées sont perpendiculaires entre eux, les cosinus des angles qu'ils forment avec les axes de x, y ne satisferont pas seulement aux conditions

$$(41)\qquad \begin{cases} \cos^2\alpha_0 + \cos^2\beta_0 = 1, \\ \cos^2\alpha_1 + \cos^2\beta_1 = 1. \end{cases}$$

mais encore à la suivante

$$(42)\qquad \cos\alpha_0\cos\alpha_1 + \cos\beta_0\cos\beta_1 = 0;$$

ainsi en ayant égard aux relations (41) et (42), les formules (39) et (40) deviendront, si l'on suppose $\cos\alpha_1 < 0$,

$$(43)\qquad \begin{aligned} \xi &= y\sin\alpha_0 + x\cos\alpha_0, \\ \eta &= y\cos\alpha_0 - x\sin\alpha_0, \end{aligned}$$

$$(44)\qquad \begin{aligned} x &= \xi\cos\alpha_0 - \eta\sin\alpha_0, \\ y &= \xi\sin\alpha_0 + \eta\cos\alpha_0; \end{aligned}$$

et si l'on suppose $\cos\beta_0 < 0$,

$$(45)\qquad \begin{aligned} \xi &= x\cos\alpha_0 - y\sin\alpha_0, \\ \eta &= x\sin\alpha_0 + y\cos\alpha_0, \end{aligned}$$

$$(46)\qquad \begin{aligned} x &= \eta\sin\alpha_0 + \xi\cos\alpha_0, \\ y &= \eta\cos\alpha_0 - \xi\sin\alpha_0. \end{aligned}$$

§ I. *Discussion de l'équation générale du premier degré à deux variables.*

Problème I. *Étant donnée entre les deux coordonnées quelconques, (x, y) l'équation du premier degré*

(1) $$Ax + By + C = 0$$

dans laquelle A, B, C, sont réels, déterminer l'espèce de la ligne représentée par cette équation.

Solution. De l'équation (1) on tire

$$y = -\frac{A}{B}x - \frac{C}{B}$$

ou

(2) $$y = ax + b,$$

en posant $a = -\frac{A}{B}$, $b = -\frac{C}{B}$.

Or cette équation étant satisfaite par toute valeur de x pour $x = 0$, la valeur correspondante $y = b$ prouve que l'un des points de la droite doit être situé sur l'axe des y à une distance b de l'origine. Soit B' ce point.

Si maintenant l'on fait successivement x égal à

$$1, \quad 2, \quad 3, \ldots\ldots n,$$

et que l'on construise les ordonnées correspondantes, on obtiendra ainsi de nouveaux points m, m', m'', (fig. 1). Reste à faire voir que tous ces points sont sur une même droite.

De l'équation (2) on déduit

$$\frac{y - b}{x} = a,$$

ce qui fait voir que l'ordonnée de chaque point fourni par cette équation diminuée de l'ordonnée à l'origine est à l'abscisse correspondante dans un rapport constant. Si donc on tire $B'm$, $B'm'$, $B'm''$, ..., et que par le point B' on mène la parallèle $B'C'$ à l'axe des x, on aura

$$\frac{mp}{B'p} = \frac{m'p'}{B'p'} = \frac{m''p''}{B'p''} \ldots = a.$$

Par conséquent les triangles $B'mp$, $B'm'p'$, $B'm''p''$, ... sont semblables, et les angles $mB'p$, $m'B'p'$, $m''B'p''$, ... sont égaux. D'ailleurs, puisque les côtés homologues $B'p$, $B'p'$, $B'p''$, ... se confondent, il faut qu'il en soit de même des côtés $B'm$, $B'm'$, $B'm''$,..., donc les points B', m, m', m'', ... sont sur une même ligne droite. Il serait facile de prouver qu'il en serait de même des points m, B', n, n', ... Donc enfin tous les points fournis par l'équation (2) sont sur une même droite DD'; et conséquemment l'équation

$$Ax+By+C=0,$$

dont l'équation (2) est déduite, exprimant la relation qu'ont entre elles les abscisses et les ordonnées de chaque point d'une droite, est l'équation de cette ligne.

Il est facile de voir en outre que cette ligne est la seule fournie par l'équation (1), puisque pour une valeur de x il ne correspond qu'une seule valeur de y.

Corollaire 1.er Si l'on faisait évanouir dans l'équation (1) une ou deux des constantes A, B, C, mais de manière que cette équation ne cessât pas d'être du premier degré, on obtiendrait l'une des formules

$$1.^{\circ} \qquad By+C=0, \qquad By=0,$$

qui représente une parallèle à l'axe des x, ou cet axe lui-même

$$2.^{\circ} \qquad Ax+C=0, \qquad Ax=0$$

qui représente une parallèle à l'axe des y, ou cet axe lui-même.

Si les coefficients A, B, C étaient imaginaires, c'est-à-dire de la forme

$$A=(a_0+b_0\sqrt{-1}), \qquad B=(a_1+b_1\sqrt{-1}), \qquad C=(a_2+b_2\sqrt{-1}),$$

auquel cas l'équation (1) deviendrait

$$(a_0+b_0\sqrt{-1})x+(a_1+b_1\sqrt{-1})y+(a_2+b_2\sqrt{-1})=0.$$

Pour que cette équation soit satisfaite par des valeurs réelles de x et de y, il est visible qu'il faudrait que l'on eût simultanément les deux équations

$$a_0x+a_1y+a_2=0,$$

$$b_0x+b_1y+b_2=0,$$

d'où l'on tire

$$(5) \qquad \begin{cases} x=\dfrac{a_1b_2-a_2b_1}{a_1b_0-a_0b_1}, \\[2mm] y=\dfrac{b_0a_2-a_0b_2}{a_1b_0-a_0b_1}, \end{cases}$$

équation d'un point dont les coordonnées sont les seconds membres de ces équations.

Si l'on avait $a_1b_0 - a_0b_1 = 0$, auquel cas

$$\frac{a_0}{a_1} = \frac{b_0}{b_1},$$

d'où

$$a_0 = a_1 l, \qquad b_0 = b_1 l$$

en appelant l le quotient de $\frac{a_0}{a_1}$, il en résulte

$$a_0 + b_0\sqrt{-1} = l(a_1 + b_1\sqrt{-1}).$$

divisant alors l'équation proposée par $a_1 + b_1\sqrt{-1}$, il vient

$$lx + y = -\frac{a_2 + b_2\sqrt{-1}}{a_1 + b_1\sqrt{-1}}.$$

Or, si $a_2 + b_2\sqrt{-1}$ n'est pas divisible par $a_1 + b_1\sqrt{-1}$, il ne pourra évidemment y avoir de valeurs finies et réelles pour x et y qui rendent le premier membre égal au second, alors les racines seraient

$$x = \infty, \qquad y = \infty.$$

D'ailleurs, pour que $a_2 + b_2\sqrt{-1}$ fût divisible par $a_1 + b_1\sqrt{-1}$, il faudrait que l'on eût

$$a_2 = ma_1,$$

$$b_2 = mb_1,$$

mais alors l'équation peut se mettre sous la forme

$$l(a_1 + b_1\sqrt{-1})x + (a_1 + b_1\sqrt{-1})y + m(a_1 + b_1\sqrt{-1}) = 0,$$

ou

$$lx + y + m = 0.$$

De même si l'on avait en même temps

$$a_1b_2 - a_2b_1 = 0,$$

$$b_0a_2 - a_0b_2 = 0,$$

de la première équation l'on tire

$$\frac{a_2}{a_1} = \frac{b_2}{b_1}, \qquad \text{posant} \qquad \frac{a_2}{a_1} = l'.$$

L'on a

$$a_2 = a_1 l', \qquad b_2 = b_1 l',$$

donc

$$a_2 + b_2\sqrt{-1} = (a_1 + b_1\sqrt{-1})l'.$$

Ainsi dans ce cas, comme dans le précédent, l'imaginarité n'est qu'apparente.

Si l'équation (1) était de la forme

(3) $$(a_0 + b_0\sqrt{-1})x + a_1 + b_1\sqrt{-1} = 0,$$

on en déduirait

$$x = -\frac{a_1 + b_1\sqrt{-1}}{a_0 + b_0\sqrt{-1}};$$

posant

(4) $$a_1 = na_0, \qquad b_1 = nb_0,$$

il vient

$$x = -n,$$

d'où il suit que toutes les fois que les relations (4) seront satisfaites, l'équation (3) représentera une parallèle à l'axe des y.

En résumé, de cette discussion on conclut : I° que toute équation du premier degré

$$Ax + By + C = 0,$$

dont les coefficients sont réels, représente une ligne *droite*;

Cette droite devient 1° *parallèle à l'axe* des x ou des y selon que $A = 0$, $B = 0$; 2° elle passe par l'*origine* si $C = 0$.

II° Que toute équation du premier degré dont les coefficients sont imaginaires représente un *seul point*, parce qu'il n'y a qu'une seule valeur réelle de y qui corresponde à une seule valeur de x, toutes les autres valeurs réelles de x ayant pour conjuguées des valeurs imaginaires de y et réciproquement. Si A et B ont un facteur commun imaginaire, de sorte que, divisés par ce facteur, les quotients résultants soient réels, C restant imaginaire, il s'ensuit que le point n'existe pas, ou comme l'on trouve

$$x = \infty, \qquad y = \infty$$

pour ses coordonnées, on dit qu'il est situé à l'infini.

III° Enfin que toute équation de la forme

$$(a_0 + b_0\sqrt{-1})x + a_1 + b_1\sqrt{-1} = 0$$

représente *une parallèle à l'axe* des y ou *rien* selon que les relations

$$\frac{a^1}{a_0}=\frac{b_1}{b_0}=n$$

sont ou ne sont pas satisfaites. On sait donc, dans tous les cas, ce que représente pour la géométrie analytique *une équation du premier degré à deux ou à une seule variable.*

PROBLÈME II. *Etant donnée de position une ligne droite sur un plan, placée comme on voudra par rapport aux axes coordonnés, trouver l'équation de cette ligne.*

Solution. Soit (x_0, y_0), (x_1, y_1) deux points de la droite DD', et par qui sa position est déterminée. fig. (2).

Si par le point (x_0, y_0) on mène une parallèle à l'axe des x, et que l'on abaisse l'ordonnée y d'un point quelconque de la droite dont l'abscisse correspondante est x, on sait qu'une propriété dont la droite DD' jouit dans toute son étendue, c'est que les triangles $m'mn$, $m''mn'$, sont semblables; en conséquence l'on aura la proportion

$$y-y_0 : y_1-y_0 :: x-x_0 : x_1-x_0,$$

qui revient à

$$(6) \qquad y-y_0=\frac{y_1-y_0}{x_1-x_0}(x-x_0),$$

ou

$$y=\frac{y_1-y_0}{x_1-x_0}\cdot x+\frac{x_1y_0-x_0y_1}{x_1-x_0},$$

équation identique avec l'équation (2) en posant

$$a=\frac{y_1-y_0}{x_1-x_0}, \qquad b=\frac{x_1y_0-x_0y_1}{x_1-x_0},$$

Du triangle $m'mn$ on déduit, en désignant par ψ l'angle des axes et par φ celui que la droite DD' fait avec l'axe de x,

$$(7) \qquad \frac{\sin\varphi}{\sin(\psi-\varphi)}=\frac{y_1-y_0}{x_1-x_0}=a.$$

Ce qui prouve que le coefficient de x dans l'équation de toute droite est constamment égal au rapport des sinus des angles que fait cette même droite avec les axes.

De la formule (7) on tire

$$\frac{\tang\varphi}{\sin\psi-\tang\varphi.\cos\psi}=a.$$

Or si $\sin\psi = 1$, auquel cas l'angle ψ est droit, cette équation devient

(8) $$\tang\varphi = a\,;$$

donc, dans ce cas, le coefficient de la variable x dans l'équation d'une droite quelconque, est égal à la tangente trigonométrique de l'angle que fait cette droite avec l'axe des x.

De la formule (7) on déduit

(9) $$\tang\varphi = \frac{a\sin\psi}{1 + a\cos\psi}.$$

Les axes coordonnés étant rectangulaires, et r exprimant la distance entre les deux points $(x_0 y_0)$; $(x_1 y_1)$, on sait que

$$r^2 = \frac{(x_1 - x_0)^2}{\cos^2\varphi}$$

mais

$$\tang^2\varphi = \left(\frac{y_1 - y_0}{x_1 - x_0}\right)^2,$$

et conséquemment

$$\cos^2\varphi\left\{1 + \left(\frac{y_1 - y_0}{x_1 - x_0}\right)^2\right\} = 1.$$

Donc on aura pour l'expression de la valeur de r

(10) $$r^2 = [(x_1 - x_0)^2 + (y_1 - y_0)^2],$$

d'où

$$r = (x_1 - x_0)\sqrt{1 + a^2}.$$

Si $x_0 = x_1$, $y_0 = y_1$ auxquels les deux points $(x_1 y_1)$, $(x_0 y_0)$ se confondent, la formule (6) devient

$$y - y_0 = \frac{0}{0}(x - x_0),$$

c'est-à-dire que par un seul point on peut faire passer une infinité de droites.

Connaissant de position la droite (6) et une autre droite dont l'équation est

(11) $$y = Ax + B,$$

si v désigne l'angle qu'elles font entre elles, il est aisé de voir que l'expression de la valeur de v serait donnée par l'une des formules

(12) $$\operatorname{tang} v = \frac{A-a}{1+Aa},$$

(13) $$\operatorname{tang} v = \frac{(A-a)\sin\psi}{1+Aa+(A+a)\cos\psi},$$

selon que l'on aurait égard à la formule (8) ou (9), c'est-à-dire selon que l'angle des axes coordonnés serait droit ou oblique.

Si l'on voulait que $\operatorname{tang} v$ fût égal à une constante n, il suffirait de poser

(14) $$\frac{A-a}{1+Aa} = n,$$

ou

$$\frac{(A-a)\sin\psi}{1+Aa+(A+a)\cos\psi} = n.$$

Et conséquemment pour que les deux droites (6) et (11) soient perpendiculaires l'une à l'autre, auquel cas $v = \frac{1}{2}.\pi$, $\operatorname{tang} v = \infty$, il suffirait de faire

(15) $$1 + Aa = 0,$$

ou

(16) $$1 + Aa + (A+a)\cos\psi = 0.$$

D'ailleurs, quelle que soit la direction des axes, si $A = a$, les deux droites seront parallèles.

Pour trouver la longueur P d'une perpendiculaire abaissée d'un point (x_1, y_1) sur la droite (6), c'est-à-dire la distance entre le point m, dont les coordonnées sont (x_1, y_1) et le point n où cette perpendiculaire rencontre cette droite; il suffit à cet effet de remarquer d'abord que, pour l'expression de la distance mp, on aura

$$mp = ax_1 - y_1 + b,$$

et conséquemment, les axes étant rectangulaires et ω désignant l'angle que fait cette perpendiculaire avec l'axe des x,

$$P = \frac{(y_1 - ax_1 - b)\cos\omega}{a},$$

ou

$$P = \frac{(y_1 - ax_1 - b)\sin\varphi}{a};$$

mais de la formule (8) on tire

$$\sin\varphi = \frac{a}{\pm\sqrt{a^2+1}},$$

donc

(17) $$P = \pm\frac{(y_1 - ax_1 - b)}{\sqrt{a^2+1}}.$$

Si les axes étaient obliques, de la formule (9) on déduit

$$\sin^2\varphi = \pm\frac{a\sin\psi}{\sqrt{(1+a^2+2a\cos\psi)}};$$

donc, dans ce cas, l'expression de la valeur de P serait

(18) $$P = \pm\frac{(y_1 - ax_1 - b)\sin\psi}{\sqrt{(1+a^2+2a\cos\psi)}}.$$

Scolie. Cette marche convient non-seulement pour trouver la distance entre deux points, les axes étant obliques, mais encore pour trouver la distance du point (x, y_1) au point où une droite

$$y - y_1 = A.(x - x_1)$$

rencontrerait la ligne (6) sous un angle donné.

Si, connaissant de position les deux droites

(19) $$y - y_1 = \frac{y_1 - y_0}{x_1 - x_0}(x - x_1),$$

et

(20) $$y - y_1 = a_1(x - x_1),$$

qui se coupent sous un certain angle inconnu k, on voulait trouver la droite

(21) $$y - y_1 = A(x - x_1),$$

qui divise cet angle en deux parties égales, on aurait évidemment l'une des deux conditions

(22) $$\frac{A - a}{1 + Aa} = \frac{a_1 - A}{1 + a_1 A},$$

$$\frac{(A - a)}{1 + Aa + (A + a)\cos\psi} = \frac{(a_1 - A)}{1 + Aa_1 + (A + a_1)\cos\psi},$$

selon que les axes seront rectangulaires ou obliques.

De la formule (12) on déduit

$$(13) \qquad A^2 - 2 \cdot \frac{aa_1 - 1}{a + a_1} \cdot A - 1 = 0 .$$

Cette équation du second degré, ayant son dernier terme négatif, aura ses deux racines réelles, d'où il suit que le problême aura deux solutions possibles. Et en effet, il est également résolu par la droite qui divisera en deux parties égales l'angle des deux droites (9) et (10) et par celle qui divisera de la même manière le supplément de cet angle.

Si, dans l'équation

$$\operatorname{tang} k = n ,$$

on connaissait n, il est visible alors qu'on ne trouverait pour A qu'une seule valeur.

D'ailleurs, dans le premier cas, l'on saura quelle valeur de A l'on doit prendre dans l'équation (13) lorsqu'on connaîtra le point (x_1, y_1).

Si l'on désigne par z_1, z_2 les racines de l'équation (13), comme l'on a

$$z_1 z_2 = -1 ,$$

il s'ensuit que les droites dont les équations sont

$$y - y_1 = z_1 (x - x_1)$$

$$y - y_1 = z_2 (x - x_1)$$

sont perpendiculaires l'une à l'autre.

§ II. *Discussion de l'équation générale du second degré à deux variables.*

L'équation la plus générale du second degré à deux variables est

$$(1)\qquad Ax^2 + By^2 + 2Cxy + 2Dx + 2Ey = K.$$

Résolvant cette équation par rapport à y, il vient

$$(2)\qquad y = -\frac{Cx+E}{B} \pm \frac{1}{B}\sqrt{[(C^2 - AB)x^2 + 2(CE - BD)x + (E^2 + BK)]},$$

les coefficients des variables étant supposés réels et finis, soient Ox et Oy les axes auxquels est rapportée la courbe que représente cette équation. Pour trouver tous les points de cette dernière, il suffira de rechercher tous les couples de valeurs réelles de x et de y qui satisfont à cette équation, c'est-à-dire toutes les valeurs de x qui rendent positive la quantité soumise au radical; d'où il suit que des limites de ces mêmes valeurs de x dépendra la forme et l'étendue de la courbe.

D'ailleurs, pour construire les différents points fournis par cette équation, si l'on observe que l'expression de la valeur de y est composée de deux parties bien distinctes, l'une rationnelle et l'autre radicale, en nommant la première y_1 et la seconde R; si l'on conçoit en outre que l'on ait construit l'équation

$$y_1 = -\frac{Cx+E}{B}.$$

Soit FF' la droite qu'elle représente, il est évident que, pour obtenir les deux valeurs de y correspondantes à chacune des différentes valeurs $x = \omega$, ω', ω'', ω''', ... il suffira de rechercher seulement les valeurs numériques ρ, ρ', ρ'', ρ''', ... que prendra pour chacune de ces mêmes valeurs la quantité radicale ou R.

Car alors ρ, ρ', ρ'', ... une fois déterminés en menant par l'extrémité p, p', p'', ... des distances Op, Op', Op'', ..., égal à ω, ω', ω'', ..., des parallèles à l'axe des y, et prenant, à partir des points q, q', q'', ..., où ces parallèles rencontrent la droite FF', tant au-dessus qu'au-dessous de ces points et dans la direction même de ces parallèles, des portions qm, qm'; $q'n$, $q'n'$; $q''v$, $q''v'$, ... égales deux à deux et égales en outre à ρ, ρ', ρ'', ... Les points m, m', n, n', v, v', ... appartiendront évidemment à la courbe (fig. 4).

Problème I. *Étant donnée entre deux coordonnées quelconques* (x, y), *l'équation du second degré*

$$Ax^2 + By^2 + 2Cxy + 2Dx + 2Ey = K,$$

dans laquelle A, B, C, D, E, K, *sont réels.*

Déterminer l'espèce de la ligne représentée par cette équation.

Solution. Pour déterminer l'espèce de la ligne du second degré que représente l'équation (1), il faut d'abord observer qu'elle ne peut dépendre que des limites des valeurs de x qui feront acquérir à y, dans l'équation (2), des valeurs réelles correspondantes. Or dans cette expression, la quantité sous le radical étant un trinome du second degré en x, le signe d'une semblable expression finira, comme on le sait, par demeurer constant et égal à celui de son premier terme. D'ailleurs, puisque x^2 est toujours positif, il y a donc conséquemment trois hypothèses à faire sur $C^2 - AB$:

$$\text{I.}^\circ \quad C^2 - AB < 0,$$

$$\text{II.}^\circ \quad C^2 - AB > 0,$$

$$\text{III.}^\circ \quad C^2 - AB = 0.$$

I.° *Dans la première hypothèse*, en mettant $C^2 - AB$ comme facteur sous le radical, l'équation (1) devient

$$(3) \qquad y = -\frac{Cx+E}{B} \pm \sqrt{\left[(C^2 - AB)\left(x^2 + \frac{2(CE-BD)}{C^2-AB}\,x + \frac{E^2+BK}{C^2-AB}\right)\right]}.$$

Décomposant le polynome

$$(4) \qquad x^2 + 2.\frac{(CE-BD)}{C^2-AB}\,x + \frac{E^2+BK}{C^2-AB}$$

En ses facteurs linéaires, et à cet effet désignant par x_1, x_2 les racines de l'équation

$$(5) \qquad x^2 + 2.\frac{(CE-BD)}{C^2-AB}\,x + \frac{E^2+BK}{C^2-AB} = 0.$$

Le polynome (4) sera le produit des deux facteurs $(x - x_1)$, $(x - x_2)$, et par conséquent l'équation (3) pourra s'écrire ainsi

$$(6) \qquad y = -\frac{Cx+E}{B} \pm \frac{1}{B}\sqrt{[(C^2 - AB)(x - x_1)(x - x_2)]}.$$

Cela posé, il peut arriver trois cas, ou les racines x_1, x_2 sont réelles et inégales, ou réelles et égales, ou enfin imaginaires.

1.° Dans le premier, auquel cas l'on a

(7) $$(CE - BD)^2 - (C^2 - AB)(E^2 + BK) > 0,$$

l'équation sera visiblement satisfaite par des couples réelles de y et de x, si toutefois l'on prend pour valeur de cette dernière variable un nombre ω compris entre x_1 et x_2; car, en supposant $x_1 < x_2$ par la substitution de ω au lieu de x, les deux facteurs $\omega - x_1$, $\omega - x_2$ seront de signes contraires, leur produit sera donc négatif, et ce produit, multiplié par la quantité négative $C^2 - AB$, fera prendre à la quantité radicale une valeur réelle, et comme $\frac{Cx + E}{B}$ est toujours réelle, les deux valeurs de y correspondantes à $x = \omega$ le seront elles-mêmes. D'ailleurs les limites des valeurs de y correspondantes à des valeurs réelles de x seront données par $x = x_1$ et $x = x_2$, puisque pour tout nombre p plus grand ou plus petit à la fois que x_1 et x_2, les deux facteurs $p - x_1$, $p - x_2$ étant de même signe, leur produit sera positif, et la quantité radicale

$$\pm \frac{1}{B} \sqrt{[(C^2 - AB)(p - x_1)(p - x_2)]}$$

sera imaginaire.

Il résulte de là que, si $x_1 = OP$ et $x_2 = OP'$, la courbe que représente l'équation (1) sera toute entière comprise entre les deux parallèles PQ et $P'Q'$, c'est-à-dire qu'elle sera limitée dans le sens des x. Il est facile de voir, d'après la nature même de l'expression (5), qu'elle devra l'être aussi dans le sens des y, puisque pour des valeurs réelles et finies de x cette expression ne peut jamais devenir infinie. D'ailleurs, pour avoir les limites de la courbe dans ce sens, il suffirait de résoudre l'équation (1) par rapport à x, et l'on obtiendrait un parallélogramme dans lequel elle se trouverait renfermée. On pourrait encore arriver au même résultat, en cherchant la valeur de x pour laquelle R devient *maximum*, et alors, cette valeur $\mu = OM$ une fois connue, en menant par le point M une parallèle à l'axe des y, et prenant, à partir du point c, deux quantités cs et cs' égal à Σ valeur *maximum* de R, menant enfin par les points s et s' des parallèles à la droite FF', on obtiendra ainsi un parallélogramme circonscrit à la courbe, et dont les côtés lui seront tangents aux points s, s', r, r'. Il suit donc de là que, sous le caractère $C^2 - AB < 0$, la courbe que représente l'équation (1) est limitée dans tous les sens. Les courbes de cette classe se nomment ellipses.

Si l'on construisait tous les points déduits de l'équation numérique d'une semblable courbe, on verrait qu'elle serait de la forme *rmsnr'n's'm'* fig. (5), qui est essentiellement convexe, puisque, s'il en était autrement, elle serait susceptible d'être rencontrée par une droite en plus de deux points, et ne serait plus alors une courbe du second ordre.

Dans l'hypothèse $C^2 - AB < 0$, et sous la condition (7), l'équation (1) est de la forme

$$(8)\qquad Ax^2 + By^2 + 2Cx \quad + 2Dx + 2Ey - \lambda^2 = D\xi + E\nu = \frac{AE^2 + BD^2 - 2CDE}{C^2 - AB}$$

ξ, ν et λ étant données par les formules

$$\xi = \frac{BD - CE}{C^2 - AB}, \qquad \nu = \frac{AE - CD}{C^2 - AB}, \qquad -\lambda^2 = (C^2 - AB)m^2 \ (*)\,;$$

Note (*). De la condition (7) on tire

$$\frac{E^2 + BK}{C^2 - AB} = \left(\frac{CE - BD}{C^2 - AB}\right)^2 - m^2.$$

m^2 étant une quantité essentiellement positive, par suite l'on a

$$y = -\frac{Cx + E}{B} \pm \frac{1}{B}\sqrt{\left[(C^2 - AB)\left(x^2 + 2\,\frac{(CE - BD)}{C^2 - AB}\,x + \left(\frac{CE - BD}{C^2 - AB}\right)^2 - m^2\right)\right]}.$$

et en faisant évanouir le radical,

$$(By + Cx + E)^2 - (C^2 - AB)\left(x - \frac{BD - CE}{C^2 - AB}\right)^2 + (C^2 - AB)m^2 = 0.$$

Or, si l'on effectuait les calculs, on arriverait à l'équation (8).

2.° de la condition (7) on déduit

$$K = \frac{(BD - CE)^2}{(C^2 - AB)B} - \frac{E^2}{B} + \frac{\lambda^2}{B}.$$

Substituant cette valeur de K dans l'équation (1), il vient

$$BAx^2 + B^2y^2 + 2BCxy + 2BDx + 2BEy - \frac{(BD - CE)^2}{(C^2 - AB)} + E^2 - \lambda^2 = 0$$

Or, si l'on observe que

$$B^2y^2 + 2BCxy + 2BEy + E^2$$

sont les quatre premiers termes du carré de

$$By + Cx + E\,;$$

2.° Dans le second cas où l'on a $x_1 = x_2$, ce qui exige que

$$(CE - BD)^2 - (C^2 - AB)(E^2 + BK) = 0, \tag{9}$$

l'équation ci-dessus devient

$$y = -\frac{Cx + E}{B} \pm \frac{1}{B}(x - x_1)\sqrt{(C^2 - AB)}. \tag{10}$$

Or $\sqrt{(C^2 - AB)}$ étant imaginaire, il est évident que l'équation proposée n'est satisfaite que par le seul couple de valeurs réelles.

$$x = x_1, \qquad y = -\frac{Cx_1 + E}{B},$$

toute autre valeur réelle de x faisant acquérir à y des valeurs imaginaires correspondantes : l'ellipse, dans ce cas, dégénère donc en un point, et son équation peut être ramenée à la forme

$$Ax^2 + By^2 + 2Cxy + 2Dx + 2Ey = D\xi + E\eta \; (*), \tag{11}$$

---

en, complétant ce carré, il vient

$$(By + Cx + E)^2 - (C^2 - AB)\left(x - \frac{BD - CE}{C^2 - AB}\right)^2 + (C^2 - AB)m^2 = 0.$$

Note (*). 1.° On peut d'ailleurs voir *à posteriori* à quoi tient ce résultat; car, en faisant disparaître le radical de la valeur résolue de y, on obtient l'équation

$$(By + Cx + E)^2 - (C^2 - AB)(x - x_1) = 0, \tag{12}$$

qui n'est autre que la proposée dans le cas où $x_1 = x_2$, c'est-à-dire dans le cas où l'équation (1) représente un point.

Or $C^2 - AB$ étant négatif, le premier membre de l'équation (12) est la somme de deux quantités positives, et ne peut devenir nul, à moins que chacune d'elles ne soit nulle séparément : ce qui ramène aux valeurs que nous avons obtenues.

2.° On pouvait aussi *prévoir* que, dans le cas où $x_1 = x_2$, l'équation (1) serait la somme de deux carrés.

Car de la condition (9)

3.° Dans le troisième cas, c'est-à-dire les racines x_1, x_2 étant imaginaires; condition qui exige que

$$(13)\qquad (BD - CE)^2 - (C^2 - AB)(E^2 + BK) < 0.$$

---

on tire

$$K = \frac{(BD - CE)^2}{(C^2 - AB)B} - \frac{E^2}{B}.$$

substituant cette valeur de K dans l'équation (1), il vient

$$ABx^2 + B^2y^2 + 2BCxy + 2BDx + 2BEy - \frac{(BD - CE)^2}{C^2 - AB} + E^2 = 0.$$

Or si l'on observe que

$$B^2y^2 + 2BCxy + 2BEy + E^2$$

sont les quatre premiers termes du carré de

$$By + Cx + E.$$

complétant ce carré, l'on a

$$(By + Cx + E)^2 - (C^2 - AB)\left(x - \frac{BD - CE}{C^2 - AB}\right)^2 = 0.$$

Réciproquement, si l'équation (1) représente la somme de deux carrés en x, y, cette équation est celle d'un point.

Démonstration. En effet, de l'équation hypothétique

$$Ax^2 + By^2 + 2Cxy + 2Dx + 2Ey - K = (\alpha x + \beta y + \nu)^2 - \mu^2(x + \varepsilon)^2$$

on déduit

$$(14)\qquad \begin{aligned} A &= \alpha^2 - \mu^2, \\ B &= \beta^2, \\ C &= \alpha\beta, \\ D &= \alpha\nu - \mu^2\varepsilon, \\ E &= \beta\nu, \\ K &= -\nu^2 + \mu^2\varepsilon^2, \end{aligned}$$

On sait alors que le polynome $(x - x_1)(x - x_2)$ restera constamment de même signe, quelque valeur que l'on donne à x. Or, comme on peut toujours prendre x assez grand pour que ce polynome devienne positif, puisque son premier terme est x^2, ce polynome restera donc constamment positif; et comme, par hypothèse, le facteur $C^2 - AB$ est négatif, il s'ensuit que les valeurs de y correspondantes à des valeurs réelles de x seront toujours imaginaires; la courbe que représente l'équation générale sera donc dans ce cas imaginaire, ou, en d'autres termes, il n'y en aura pas. Si l'on introduisait dans l'équation (1) la condition (13), on verrait qu'elle serait de la forme

$$(15) \qquad Ax^2 + Cy^2 + 2Cxy + 2Dx + 2Ey = D\xi + E\eta - \lambda^2 \text{ (*)}.$$

---

d'où

$$\beta = \sqrt{B}, \qquad \alpha = \frac{C}{\sqrt{B}}, \qquad \mu^2 = \frac{C^2 - AB}{B},$$

$$\varepsilon = \frac{CE - BD}{C^2 - AB}, \qquad \nu = \frac{E}{\sqrt{B}},$$

et conséquemment

$$(Cx + By + E)^2 - (C^2 - AB)\left(x - \frac{BD - CE}{C^2 - AB}\right)^2 = 0,$$

équation qui ne peut être satisfaite que par le système de valeur

$$x = \frac{BD - CE}{C^2 - AB},$$

$$y = \frac{AE - CD}{C^2 - AB}.$$

Par la substitution des valeurs de α, β, ε, μ, ν, dans la dernière des équations (14), on tire

$$(E^2 + BK)(C^2 - AB) - (BD - CE)^2 = 0.$$

Ce qui prouve en outre que si, sous le caractère $C^2 - AB < 0$, l'équation (1) dégénère en un point, il faut que les racines du trinome (5) soient égales.

Note. (*) On peut voir *à posteriori*, comme dans le cas précédent, à quoi tient ce résultat. En effet l'inégalité (13) pouvant être remplacée par l'équation

II.° *Dans la seconde hypothèse*, $C^2 - AB > 0$; afin d'examiner les différentes circonstances que peut offrir, sous cette relation, la formule (6). On distinguera encore trois

---

$$\frac{E^2+BK}{C^2-AB}=\left(\frac{BD-CE}{C^2-AB}\right)^2+m^2,$$

m^2 étant une quantité essentiellement positive ; si l'on substitue cette valeur dans l'expression générale de y, celle-ci devient

$$y=-\frac{Cx+E}{B}\pm\frac{1}{B}\sqrt{\left[(C^2-AB)\left(x^2+\frac{2(CE-BD)}{C^2-AB}x+\left(\frac{BD-CE}{C^2-AB}\right)^2+m^2\right)\right]}$$

Or, en faisant évanouir le radical, on tire

$$(By+Cx+E)^2-(C^2-AB)\left(x-\frac{BD-CE}{C^2-AB}\right)^2-(C^2-AB)m^2=0,$$

équation qui équivaut à la proposée. Or, C^2-AB étant négatif, cette équation est composée de la somme de trois quantités positives, cette somme ne pourra donc égaler zéro, à moins que chacune de ces quantités ne soit nul séparément, ce qui exige que l'on ait

$$By+Cx+E=0,\qquad x-\frac{BD-CE}{C^2-AB}=0,\qquad m^2=0,$$

Il est vrai que de ces équations on peut bien déterminer (x, y) pour que les deux premières s'annulent. Mais on ne peut supposer $m=0$; car alors on rentrerait dans le cas précédent, c'est-à-dire que la relation (15) se réduirait à

$$(BD-CE)^2-(C^2-AB)(E^2+BK)=0,$$

ce qui est inadmissible.

Donc enfin, si sous les relations

$$C^2-AB<0,\qquad (BD-CE)^2-(C^2-AB)(E^2+BK)<0,$$

la courbe que représente l'équation (1) est imaginaire ; cela tient à ce que, sous ces mêmes conditions cette équation exprime elle-même une absurdité.

On pourrait aussi *prévoir*, comme précédemment, que, sous la condition (13), l'équation (1) est absurde.

cas, selon que, dans cette équation, x_1, x_2 seront réelles et inégales, réelles et égales, ou enfin imaginaires.

1.° Dans le premier cas, ce qui nécessite la relation

$$(BD - CE)^2 - (C^2 - AB)(E^2 + BK) > 0.$$

Il est évident que tant que l'on prendra pour x des valeurs comprises entre x_1 et x_2, le facteur $C^2 - AB$ étant positif, les valeurs correspondantes de y seront constamment imaginaires, de sorte que, si $x_1 = OP$, $x_2 = OP'$, la courbe n'aura aucun de ses points dans l'espace compris par les deux parallèles PQ, $P'Q'$. Mais si l'on fait successivement $x = x_1$, $x = x_2$, on obtient alors deux points qui sont les points d'intersection de la courbe avec la droite FF'.

Si en outre on donne des valeurs positives ou négatives, mais à la fois plus grandes ou plus petites en valeurs absolues que x_1, x_2, les valeurs de y correspondantes seront constamment réelles, et croîtront en même temps que x, de sorte que pour $x = \infty$ ou $x = -\infty$ on obtiendra $y \pm \infty$. Il suit donc de là que, sous le caractère $C^2 - AB > 0$, la courbe que représente l'équation (1) est indéfinie dans tous les sens : les courbes de cette classe se nomment *hyperboles*.

Si l'on construisait tous les points déduits de l'équation numérique d'une semblable courbe, on verrait qu'elle aurait la forme $pqrst\ p'q'r's't'$ (fig. 5).

Dans le cas $C^2 - AB > 0$, et sous la condition (7) l'équation (1) est de la forme

$$Ax^2 + By^2 + 2Cxy + 2Dx + 2Ey = D\xi + E\eta - \lambda^2.$$

2.° Si $x_1 = x_2$, auquel cas il faut que l'on ait

$$(BD - CE)^2 - (C^2 - AB)(E^2 + BK) = 0,$$

l'équation générale devient

$$(16) \qquad y = -\frac{Cx + E}{B} \pm \frac{1}{B}(x - x_1)\sqrt{(C^2 - AB)}.$$

Or $\sqrt{(C^2 - AB)}$ étant réelle, on voit que la courbe dégénère alors dans le système de deux droites qui se coupent. Dans ce cas, l'équation de cette courbe peut se ramener à la forme

$$(17) \qquad Ax^2 + By^2 + 2Cxy + 2Dx + 2Ey = D\xi + E\eta \ (*).$$

Note (*). On peut voir *à posteriori* à quoi tient ce résultat.

3.° Enfin, si les racines x_1, x_2 sont imaginaires, ce qui exige que

$$(BD - CE)^2 - (C^2 - AB)(E^2 + BK) < 0,$$

Car de l'équation (16) on tire

$$(By + Cx + E)^2 - (C^2 - BA)(x - x_1)^2 = 0,$$

équation qui n'est autre que la proposée dans le cas où $x_1 = x_2$.

Or $C^2 - AB$ étant positif, le premier membre de l'équation (1) est la différence de deux carrés. On peut donc le décomposer dans le produit de la somme et de la différence de leurs racines, et l'on aura l'équation

$$[By + Cx + E + (x - x_1)\sqrt{(C^2 - BA)}][By + Cx + E - (x - x_1)\sqrt{(C^2 - AB)}] = 0.$$

équation qui peut être satisfaite, soit par

$$By + Cx + E + (x - x_1)\sqrt{(C^2 - AB)} = 0,$$

soit par

$$By + Cx + E - (x - x_1)\sqrt{(C^2 - AB)} = 0,$$

équations de deux droites qui se coupent.

On peut *prévoir*, comme précédemment, à quoi tient ce résultat.

Réciproquement, si l'équation (1) est le produit de deux facteurs en (x, y), cette équation est celle de deux droites qui se coupent.

Démonstration. Soit

$$(18) \qquad Ax^2 + By^2 + 2Cxy + 2Dx + 2Ey - K = (y - \mu x - \nu)(y - \mu' x - \nu').$$

On tire de cette équation, en identifiant, les cinq suivantes

$$\mu + \mu' = -\frac{2C}{B},$$

$$\mu\mu' = \frac{A}{B},$$

on sait que le polynome $(x-x_1)(x-x_2)$ ne peut jamais changer de signe. Or, comme on peut toujours prendre x assez grand pour que ce polynome devienne positif puisque son premier terme est x^2, il restera donc constamment positif; et, comme par hypothèse le facteur C^2-AB est positif, il s'en suit que les valeurs de y, correspondantes à des valeurs réelles de x, seront toutes réelles, et chaque abscisse donnera deux points de la courbe. Dans ce cas, l'équation (1) peut être ramenée à la forme

(19) $$Ax^2+By^2+2Cxy+2Dx+2Ey=D\xi+E\eta+\lambda^2.$$

III.° Enfin *dans la troisième hypothèse* $C^2-AB=0$, l'équation (1) devient

$$y=-\frac{Cx+E}{B}\pm\frac{1}{B}\sqrt{[2(CE-BD)x+E^2+BK]};$$

$$\nu+\nu'=-\frac{2E}{B},$$

(20) $$\nu\nu'=-\frac{K}{B},$$

$$\mu\nu'+\mu'\nu=\frac{2D}{B},$$

d'où l'on déduit par substitution dans la formule (18),

$$y=\left(-\frac{C}{B}+\frac{1}{B}\sqrt{C^2-AB}\right)x-\frac{E}{B}-\frac{1}{B}\sqrt{(E^2+BK)},$$

$$y=\left(-\frac{C}{B}-\frac{1}{B}\sqrt{C^2-AB}\right)x-\frac{E}{B}+\frac{1}{B}\sqrt{(E^2+BK)},$$

équations qui évidemment représentent un système de deux droites qui se coupent.

Par la substitution de μ, ν, μ', ν' dans la dernière des équations (20), on en déduit la relation

$$(BD-CE)^2-(C^2-AB)(E^2+BK)=0.$$

Ce qui prouve que, si, sous le caractère $C^2-AB>0$, l'équation (1) dégénère en deux droites qui se coupent, il faut que les racines du trinome (5) soient égales.

et en faisant

$$\frac{E^2+BK}{2(CE-BD)}=-x_1,$$

Cette équation peut se mettre sous la forme

$$(21)\qquad y=-\frac{Cx+E}{B}\pm\frac{1}{B}\sqrt{[2(CE-BD)(x-x_1)]}.$$

Or il y a encore ici trois cas à considérer, selon que l'on aura

$$CE-BD>0,\qquad \text{ou}\qquad <0,\qquad \text{ou}\qquad =0.$$

1.° Dans le premier cas, il est évident que, pour toutes valeurs de x plus petites que x_1, quel que soit d'ailleurs le signe de cette dernière quantité, les valeurs correspondantes de y seront toujours imaginaires; pour $x=x_1$ on obtiendra alors le point où la courbe rencontre la droite FF'. Si maintenant l'on fait croître x progressivement jusqu'à l'infini positif, les valeurs de y correspondantes seront toujours réelles et croîtront elles-mêmes avec x, de sorte que pour $x=+\infty$, on aura $y=\pm\infty$. Il suit de là que, dans ce cas et sous la condition $C^2-AB=0$, la courbe que représente l'équation (1) est limitée dans le sens des x négatifs et illimités dans le sens des x positifs. Les courbes de cette classe se nomment *paraboles*.

Si l'on construisait tous les points déduits de l'équation numérique d'une semblable courbe, on verrait qu'elle aurait la forme *uuu'u'* fig. (5).

2.° Si $CE-BD<0$, le contraire aurait lieu, c'est-à-dire que la courbe aurait ses deux branches indéfinies situées du côté des x négatives, et serait limitée du côté des x positifs.

3.° Enfin, si $CE-BD=0$, l'équation générale devient

$$(22)\qquad y=-\frac{Cx+E}{B}\pm\frac{1}{B}\sqrt{(E^2+BK)},$$

ou en remplaçant B par sa valeur déduite de la condition $CE-BD=0$,

$$(23)\qquad y=-\frac{D}{E}x-\frac{D}{C}\pm\frac{1}{CE}\sqrt{[DE(DE+CK)]}.$$

Reste à examiner séparément le cas où $DE(DE+CK)$ sera >0, ou $=0$, ou <0.

Dans le *premier* cas, il est évident que la parabole dégénère en un système de deux droites parallèles.

Dans le *second* cas en une ligne droite.

Enfin dans le *troisième* la parabole devient imaginaire (*).

Note (*). On peut voir *à posteriori* à quoi tient ce résultat; car, en faisant disparaître le radical de l'expression (23), on obtient

(24) $$[C(Dx+Ey)+DE]^2-[DE(DE+CK)]=0.$$

Or, si l'on a $DE(DE+CK)>0$, cette équation est le produit des deux facteurs

$$C(Dx+Ey)+DE+\sqrt{[DE(DE+CK)]},\quad C(Dx+Ey)+DE-\sqrt{[DE(DE+CK)]}.$$

Qui ont mêmes coefficients, on y satisfait donc en égalant à zéro l'un ou l'autre de ces facteurs.

Si $DE(DE+CK)=0$, auquel cas la proposée est le carré de $C(Dx+Ey)+DE$. Les deux facteurs sont alors égaux, et les deux droites se confondent.

Enfin dans le cas de $DE(DE+CK)<0$, l'équation ci-dessus est la somme de deux quantités positives, dont l'une n'est essentiellement pas nulle. Il y a donc absurdité dans cette équation et par suite dans l'équation (23), et par conséquent cette équation cesse de représenter aucune espèce de ligne.

On pourrait aussi *prévoir* ce résultat; car des deux conditions

(25) $C^2-AB=0$, (26) $BD-CE=0$,

on déduit

(27) $$\frac{A}{C}=\frac{C}{B}=\frac{D}{E},$$

et par suite

$$A=\frac{CD}{E},\qquad B=\frac{CE}{D};$$

et, en vertu de ces dernières, l'équation (1) devient

$$\frac{C}{DE}(Dx+Ey)^2+2(Dx+Ey)=K.$$

Or cette formule de laquelle on tire

$$Dx+Ey=-\frac{DE}{C}\pm\frac{1}{C}\sqrt{[DE(DE+CK)]}$$

Corollaire 1.er Ce mode de discussion convient encore si toutefois dans, l'équation (1), le coefficient du carré d'une variable et le coefficient d'une puissance de l'autre variable ne sont point nuls.

Si l'on avait $A=B$ sous le caractère $C^2-AB<0$, il serait facile de voir, par la discussion précédente, que, dans ce cas, l'équation (1) représente un *cercle* : le cercle n'est donc qu'une particularité de l'ellipse. Dans ce même cas, et sous le caractère $C^2-AB>0$, l'hyperbole que représente l'équation (1) est dite *équilatère*.

---

ne peut représenter qu'un système de deux droites parallèles. Ces droites seront distinctes l'une de l'autre si l'on a

$$DE(DE+CK)>0.$$

Elles se confondront si l'on a

$$DE(DE+CK)=0,$$

et disparaîtront si l'on a

$$DE(DE+CK)<0.$$

Ajoutons que la condition (27) peut être remplacée par les formules

$$C^2-AB=0, \qquad AE^2+BD^2-2CDE=0.$$

2.° L'équation (1) résolue par rapport à x et sous les conditions (26) et (25), devient

$$(28) \qquad x=-\frac{Cy+D}{A}\pm\frac{1}{A}\sqrt{(D^2+AK)}.$$

Il est visible d'abord que les diamètres

$$y=-\frac{C}{B}x-\frac{E}{B},$$

$$y=-\frac{A}{C}x-\frac{D}{C},$$

données par les équations (22) et (28), sont identiques, puisque des conditions (25) et (26) on déduit

$$\frac{C}{B}=\frac{A}{C}, \qquad \frac{E}{B}=\frac{D}{C}.$$

Corollaire 2. Si $A=0$, $B=0$, auquel cas l'équation (1) devient

$$(29)\qquad 2Cxy+2Dx+2Ey=K.$$

Par le mode de discussion précédent, on ne pourrait reconnaître de prime abord quelle courbe cette équation représente. Pour y parvenir, telle est la méthode employée.

De l'équation (29) on déduit

$$(30)\qquad y=-\frac{D}{C}+\frac{2DE+CK}{2C(Cx+E)}.$$

Or cette valeur de y montre que, si l'on fait $x=\infty$, l'on a $y=-\frac{D}{C}$. Donc si l'on prend sur l'axe des y et dans le sens convenable une partie OF égale à $-\frac{D}{C}$, la parallèle menée par le point F à l'axe des x rencontrera la courbe dans le sens des x positifs à une distance infinie. Si l'on fait décroître x depuis $+\infty$ jusqu'à zéro, comme pour cette dernière valeur on a

$$y=-\frac{D}{C}+\frac{2DE+CK}{2CE}=OF',$$

la courbe rencontrera l'axe des y au point F', de sorte qu'une portion de cette

---

D'ailleurs de l'équation (28) on tire

$$(31)\qquad y=-\frac{Ax+D}{C}\pm\frac{1}{C}\sqrt{(D^2+AK)},$$

et les formules (22) et (31) reviennent aux suivantes

$$(32)\qquad y=-\frac{Cx+E}{B}\pm\frac{1}{\sqrt{B}}\sqrt{\left(\frac{E^2}{B}+K\right)},$$

$$(33)\qquad y=-\frac{Ax+D}{C}\pm\frac{\sqrt{A}}{C}\sqrt{\left(\frac{D^2}{A}+K\right)}.$$

Or on a déjà par la relation (25)

$$\frac{1}{\sqrt{B}}=\frac{\sqrt{A}}{C}.$$

courbe aura la forme $F'nn'$; donnant en outre à x des valeurs depuis zéro jusqu'à $-\frac{E}{C}$, comme pour $x=-\frac{E}{C}$, on obtient $y=\infty$. Il s'ensuit que, si l'on prend sur l'axe des x et dans le sens convenable une portion OG égale à $-\frac{E}{C}$, la parallèle menée à l'axe des y par le point G rencontrera du côté des y positifs la courbe à une distance infinie, de sorte qu'une seconde portion de cette courbe aura la forme $F'mm'$. De même, si l'on fait décroître x depuis $-\infty$ jusqu'à $-\frac{E}{C}$, on verra que la seconde branche de la courbe sera de la forme $vv'ss'$, c'est-à-dire qu'elle sera illimitée dans le sens des x et des y négatifs, comme dans le sens des x et y positifs, ou, en d'autres termes, que la courbe aura quatre parties indéfinies. On la classera par cette raison parmi les hyperboles : ce que l'on eût pu prévoir, puisque la quantité C^2-AB, qui se réduit à C^2, est constamment positive.

S'il arrivait que

$$DE+CK=0,$$

l'équation (50) prendrait alors la forme

$$(Cx+E)(Cy+D)=0,$$

et représenterait un système de deux droites qui se coupent.

L'équation

$$Ax^2+2Cxy+2Dx+2Ey-K=0$$

étant ainsi résolue

$$y=-\frac{A}{2C}x-\frac{2CD-AE}{2C^2}-\frac{(AE-2CD)E-C^2K}{2C^2(Cx+E)}. \tag{54}$$

On prouverait, comme précédemment, que cette équation est celle d'une hyperbole.

Si l'on avait

$$(AE-2CD)E-C^2X=0, \tag{55}$$

D'ailleurs de l'équation (25), en ayant égard à l'équation (26), on tire

$$\frac{D}{C}=\frac{E}{B} \qquad \text{d'où} \qquad \frac{E^2}{B}=\frac{D^2}{A}.$$

Donc les valeurs rationnelles et irrationnelles correspondantes dans les équations (52) et (53) étant les mêmes, les droites que représentent ces deux équations se confondent.

en chassant d'abord dans l'équation (34) le dénominateur $2C^2(Cx+E)$, et ayant égard à la formule (35), on obtiendrait

$$(Cx+E)\left(Ax+2Cy+\frac{2DC-AE}{C}\right)=0,$$

équation de deux droites qui se coupent.

Si dans l'équation (1) l'on avait $A=0$, $C=0$, $D=0$, ou $B=0$, $C=0$, $E=0$, cette équation se réduirait à l'une des formules

$$By^2+2Ey=K, \qquad Ax^2+2Dx=K,$$

et représenterait deux droites parallèles à l'axe des x ou des y, sous la condition

$$E^2+BK>0 \quad \text{ou} \quad D^2+AK>0.$$

Ces deux droites se confondent si

$$E^2+BK=0 \quad \text{ou} \quad D^2+AK=0,$$

et disparaissent dans le cas de

$$E^2+BK<0 \quad \text{ou} \quad D^2+AK<0.$$

Si les coefficients A, B, C, D, E, K, étaient imaginaires, c'est-à-dire de la forme

$$(36)\quad \begin{cases} A=a_0+b_0\sqrt{-1}, & B=a_1+b_1\sqrt{-1}, & C=a_2+b_2\sqrt{-1}, \\ D=a_3+b_3\sqrt{-1}, & E=a_4+b_4\sqrt{-1}, & K=a_5+b_5\sqrt{-1}. \end{cases}$$

Pour que l'équation (1) soit satisfaite par des couples réelles de x et de y, il faudrait que l'on eût simultanément

$$(37)\qquad a_0x^2+a_1y^2+2a_2xy+2a_3x+2a_4y=a_5,$$

$$(38)\qquad b_0x^2+b_1y^2+2b_2xy+2b_3x+2b_4y=b_5.$$

Soit

$$(39)\qquad A_0x^4+A_1x^3+A_2x^2+A_3x+A_4=0,$$

l'équation finale à laquelle on arriverait par l'élimination de y entre les deux équations (37) et (38) ; il peut arriver que les racines de l'équation (39) soient toutes imaginaires, ou qu'il n'y en ait seulement que deux, ou qu'elles soient toutes réelles.

Dans le premier cas, l'équation (1) ne représente rien.

Dans le second, si les deux racines réelles sont inégales ou égales, l'équation (1) représente deux points ou n'en représente qu'un.

Enfin, dans le troisième cas, l'équation (1) représentera 1, 2, 3, 4 points, selon que les racines de l'équation (39) seront toutes égales entre elles, ou deux ou trois, ou enfin toutes inégales.

Si les équations (37) et (38) étaient satisfaites par cinq couples différents de x et y, auquel cas l'on aurait

$$(40)\qquad \left\{\begin{array}{ll} b_0 = na_0, & b_3 = na_3, \\ b_1 = na_1, & b_4 = na_4, \\ b_2 = na_2, & b_5 = na_5, \end{array}\right.$$

évidemment elles seraient identiques, et par suite tout couple de x, y de la première conviendraient à la seconde. L'équation (37) ou (38) représenterait donc une ellipse, ou une hyperbole, ou une parabole, selon que l'on aurait $a_2^2 - a_0a_1 < 0$, ou > 0, ou $= 0$.

Mais alors il est facile de voir que, dans l'équation (1), l'imaginarité n'est qu'apparente ; car, en vertu des relations (40), l'on a

$$a_0(1+n\sqrt{-1})x^2+a_1(1+n\sqrt{-1})y^2+2a_2(1+n\sqrt{-1})xy+2a_3(1+n\sqrt{-1})x+2a_4(1+n\sqrt{-1})y=a_5(1+n\sqrt{-1})$$

ou en divisant par $1+n\sqrt{-1}$,

$$a_0x^2 + a_1y^2 + 2a_2xy + 2a_3x + 2a_4y = a_5,$$

équation dont les coefficients sont réels.

Si l'équation (1) était de la forme

$$(41)\qquad x^2 + (a_0 + b_0\sqrt{-1})x + a_1 + b_1\sqrt{-1} = 0,$$

on en déduirait

$$x = -\frac{1}{2}(a_0 + b_0\sqrt{-1}) \pm \frac{1}{2}\sqrt{[(a_0 + b_0\sqrt{-1})^2 - 4(a_1 + b_1\sqrt{-1})]}.$$

Résolvant de même l'équation du second degré

$$(42)\qquad x^2 - (\alpha + n + \beta\sqrt{-1})x + n\alpha + n\beta\sqrt{-1} = 0,$$

provenant de la multiplication des deux facteurs

$$x - n, \qquad x - \alpha - \beta\sqrt{-1},$$

il vient

$$x = \frac{1}{2}(\alpha + n + \beta\sqrt{-1}) \pm \frac{1}{2}\sqrt{[(\alpha + n + \beta\sqrt{-1})^2 - 4(n\alpha + n\beta\sqrt{-1})]}.$$

Or $\qquad (\alpha + n + \beta\sqrt{-1})^2 - 4(n\alpha + n\beta\sqrt{-1}) = [(\alpha + \beta\sqrt{-1}) - n]^2 =$

$$= (\alpha + n)^2 - 4n\alpha - \beta^2 - 2n\beta\sqrt{-1} + \frac{2n\alpha\beta^2\sqrt{-1}}{n\beta}.$$

Identifiant les deux équations (41) ou (42), c'est-à-dire, posant

$$\alpha + n = -a_0, \qquad \beta = -b_0,$$

$$n\alpha = a_1, \qquad n\beta = b_1,$$

l'on aura

$$= a_0^2 - b_0^2 - 4a_1 - 2b_1\sqrt{-1} + \frac{2a_1b_0^2\sqrt{-1}}{b_1} = (a_0 + b_0\sqrt{-1})^2 - 4(a_1 + b_1\sqrt{-1}),$$

et par suite

$$a_0b_0 - b_1 = \frac{a_1b_0^2}{b_1},$$

D'où il suit que toutes les fois que cette relation sera satisfaite, l'équation (41) représentera une droite parallèle à l'axe des x.

En résumé, de cette discussion on conclut 1.° que toute équation réelle du second degré à deux variables représente une *ellipse*, une *hyperbole*, ou une *parabole*, selon que le caractère $C^2 - AB$ sera < 0, ou > 0, ou $= 0$.

L'ellipse dégénère 1.° en un *cercle*, si l'on a $A = B$; 2.° en un *point*, si l'on a $K = D\xi + E\eta$; 3.° *disparaît*, si l'on a $K = D\xi + E\eta - \lambda^2$.

L'hyperbole dégénère 1.° en *équilatère*, si l'on a $A = B$; 2.° en un système de *deux droites qui se coupent*, si, dans l'équation (1), $K = D\xi + E\eta$.

Enfin la parabole dégénère en un système de *deux droites parallèles* sous la condition $BD - CE = 0$.

1.° Elles seront *distinctes*, si l'on a

$$DE(DE + CK) > 0 \qquad \text{ou} \qquad E^2 + BK > 0;$$

2.° elles se *confondront*, si l'on a

$$DE(DE+CK)=0 \quad \text{ou} \quad E^2+BK=0,$$

3.° et *disparaîtront*, si l'on a

$$DE(DE+CK)<0 \quad \text{ou} \quad E^2+BK<0.$$

II.° Que toute équation réelle du second degré à une seule variable, représente un système de *deux droites parallèles à l'axe des* x ou des y.

1.° Ces droites seront *distinctes*, dans le cas de

$$D^2+AK>0 \quad \text{ou} \quad E^2+BK>0;$$

2.° elles *se confondront* dans le cas de

$$D^2+AK=0 \quad \text{ou} \quad E^2+BK=0.$$

3.° et *disparaîtront* dans le cas de

$$D^2+AK<0 \quad \text{ou} \quad E^2+BK<0.$$

III.° Que toute équation imaginaire du second degré à deux variables représente *un*, *deux*, *trois*, *quatre points*, selon que l'équation (39) aura toutes ses racines réelles égales, ou deux, trois, quatre racines réelles inégales.

Les quatre racines de l'équation (39) étant imaginaires, l'équation (1) ne représente *rien*.

IV.° Enfin que toute équation de la forme

$$x^2+(a_0+b_0\sqrt{-1})x+(a_1+b_1\sqrt{-1})=0,$$

représente une *seule parallèle à l'axe des* x, ou *rien*, selon que la relation

$$a_0b_0-b_1=\frac{a_1b_0^2}{b_1}$$

est ou n'est pas satisfaite. On sait donc, dans tous les cas, ce que représente pour la géométrie analytique *une équation du second degré à deux ou à une seule variable*.

PROBLÈME II. *Étant donnée d'espèce et de position sur un plan une courbe quelconque du second degré, placée comme on voudra par rapport aux axes des coordonnées, établir l'équation numérique de cette courbe relativement à sa situation actuelle.*

Ce problème est résolu dans Garnier par M. Reymond).

§ III. *Réduction et discussion de l'équation du second degré à deux variables.*

Soit

$$(1)\qquad Ax^2 + By^2 + 2Cxy + 2Dx + 2Ey = K$$

l'équation d'une courbe du second degré rapportée à des axes rectangulaires (ce que l'on peut toujours supposer, puisque, s'ils ne l'étaient pas, on pourrait les changer en d'autres qui le fussent).

Prenons les formules

$$x = x_1\cos\alpha - y_1\sin\alpha,$$

$$y = x_1\sin\alpha + y_1\cos\alpha,$$

qui servent à passer d'un système d'axes rectangulaires à un autre système d'axes aussi rectangulaires, l'origine étant la même.

On obtiendra la transformée

$$(2)\qquad A_1x^2 + B_1y^2 + 2C_1xy + 2D_1x + 2E_1y = K,$$

dans laquelle on aura

$$(3)\qquad A_1 = A\cos^2\alpha + B\sin^2\alpha + 2C\sin\alpha\cos\alpha,$$

$$(4)\qquad B_1 = A\sin^2\alpha + B\cos^2\alpha - 2C\sin\alpha\cos\alpha,$$

$$(5)\qquad 2C_1 = 2[-A\cos\alpha\sin\alpha + B\cos\alpha\sin\alpha + C(\cos^2\alpha - \sin^2\alpha)],$$

$$(6)\qquad 2D_1 = 2(D\cos\alpha + E\sin\alpha),$$

$$(7)\qquad 2E_1 = 2(E\cos\alpha - D\sin\alpha).$$

Or, pour que, dans l'équation (2), le rectangle xy disparaisse, il faut que l'on ait

$$(8)\qquad 2C_1 = 0.$$

Mais en trigonométrie on sait que

$$2\sin\alpha\cos\alpha = \sin 2\alpha,$$

et

$$\cos^2\alpha - \sin^2\alpha = \cos 2\alpha.$$

Donc l'équation (8) peut s'écrire ainsi

(9) $$(A - B)\sin 2\alpha - 2C\cos 2\alpha = 0,$$

d'où l'on tire

(10) $$\operatorname{tang} 2\alpha = \frac{2C}{A - B}.$$

Il suit de cette formule que la disparition du terme xy, dans l'équation (1), sera toujours possible, puisque la tangente peut passer par tous les états de grandeur depuis $-\infty$ jusqu'à $+\infty$, et que par conséquent 2α sera toujours réelle.

Par la formule

$$\operatorname{tang} 2\alpha = \frac{2\operatorname{tang}\alpha}{1 - \operatorname{tang}^2\alpha}$$

on a

(11) $$\operatorname{tang}^2\alpha + \left(\frac{A - B}{C}\right)\operatorname{tang}\alpha - 1 = 0.$$

De ces deux tangentes, l'une fixera la position de l'axe des x, et l'autre celle des y, axes qui seront à angle droit, puisque le produit des deux tangentes est -1.

Cela étant, si, dans l'équation

(12) $$A_1x^2 + B_1y^2 + 2D_1x + 2E_1y = K,$$

on fait

$$y = y + y_1,$$

l'on obtiendra

(13) $$A_1x^2 + B_1y^2 + 2D_1x + \left.\begin{matrix} 2B_1y_1 \\ +2E_1 \end{matrix}\right\} y + \left.\begin{matrix} B_1y_1^2 \\ +2E_1y_1 \\ -K \end{matrix}\right\} = 0.$$

Or, si l'on pose

(14) $$B_1y_1 + E_1 = 0,$$

comme A_1 et B_1 ne peuvent être égaux à zéro simultanément, on peut toujours supposer que la valeur de y_1, tirée de cette équation, est réelle et finie; il résulte donc que, sans rien altérer à la généralité de l'équation (1), cette équation pourrait être réductible à la forme

(15) $$A_1x^2 + B_1y^2 + 2D_1x = K_1,$$

dans laquelle

$$K_1 = \frac{E_1^2}{B_1} + K.$$

Cela posé, il y a deux cas à considérer, selon que A_1 sera différent de zéro ou égal à zéro.

Si l'on remplace, dans le premier cas, x par $x - \frac{D_1}{A_1}$, et dans le second x par $x + \frac{K_1}{2D_1}$; ce qui revient à transporter l'origine sur l'axe des x au point qui a pour abscisse $-\frac{D_1}{A_1}$, ou $\frac{K_1}{2D_1}$, l'équation (15) prendra l'une des formes

(16) $$A_1x^2 + B_1y^2 = K_1,$$

(17) $$B_1y^2 + 2D_1x = 0.$$

De plus, si, dans les formules (16) et (17), on suppose les coefficients A_1, B_1, D_1, K_1, différents de zéro, il suffira de faire

$$\frac{K_1}{A_1} = \pm a^2, \quad \frac{K_1}{B_1} = \pm b^2, \quad \frac{D_1}{B_1} = \mp c,$$

a, b, c désignant des quantités positives, pour ramener ces formules aux deux suivantes

(18) $$\pm \frac{x^2}{a^2} \pm \frac{y^2}{b^2} = 1,$$

(19) $$y^2 = \pm 2cx.$$

Or la formule (18) comprend 1.° l'équation

(20) $$\frac{x^2}{a^2} + \frac{y^2}{b^2} = 1,$$

qui représente une *ellipse*, dont les *demi-axes* sont a et b;

2.° les deux équations

(21) $$\frac{x^2}{a^2} - \frac{y^2}{b^2} = 1,$$ (22) $$\frac{y^2}{b^2} - \frac{x^2}{a^2} = 1,$$

qui représente deux *hyperboles*, dont les *demi-axes* sont a et b;

3.° l'équation

$$\frac{x^2}{a^2} + \frac{y^2}{b^2} = -1,$$

qui ne représente *aucune* ligne.

Quant à la formule (19), elle représente une *parabole* dont c est le *paramètre*.

Si l'on faisait évanouir, dans l'équation (16) ou (17), une ou deux des constantes A_1, B_1, D_1, K_2, mais de manière que cette équation ne cessât pas d'être du second degré, on obtiendrait l'une des formules

(23) $$A_1 x^2 - B_1 y^2 = 0,$$

(24) $$A_1 x^2 = K_2,$$ (25) $$B_1 y^2 = K_2,$$

(26) $$x^2 = 0,$$ (27) $$y^2 = 0.$$

Or les seules lignes que puisse représenter une de ces formules sont :

1° Deux droites qui se coupent à l'origine des coordonnées;

2° Deux droites parallèles à l'un des axes coordonnés;

3° L'un de ces mêmes axes.

En résumé, une ligne du second degré ne peut être qu'une *ellipse* ou un *cercle*, une *hyperbole*, une *parabole*, ou un *système de deux droites*.

On peut d'ailleurs s'assurer aisément que les formules (19), (20) et (21) jouissent des propriétés connues qui servent à la description de l'ellipse, de l'hyperbole et de la parabole.

En effet, considérons d'abord l'équation

$$\frac{x^2}{a^2} + \frac{y^2}{b^2} = 1,$$

dans laquelle a surpasse b, si l'on a convenablement choisi l'axe des x, et posons

(28) $$a^2 - b^2 = a^2 \varepsilon^2,$$

on en déduit

$$\frac{b^2}{a^2} = 1 - \varepsilon^2.$$

Substituant dans l'équation

$$y^2 = \frac{b^2}{a^2}(a^2 - x^2),$$

on a

(29) $$y^2 = (1 - \varepsilon^2)(a^2 - x^2).$$

De plus, si l'on appelle r la distance comprise entre le point (x, y) de la courbe et l'un des deux points situés sur l'axe des x à la distance $a\varepsilon$ de l'origine, on aura

$$r^2 = (x \pm a\varepsilon)^2 + y^2 = (x \pm a\varepsilon)^2 + (1 - \varepsilon^2)(a^2 - x^2) = (a \pm \varepsilon x)^2,$$

puis on conclura, en ayant égard aux conditions,

$$\varepsilon^2 < 1, \quad x^2 < a^2, \quad \varepsilon^2 x^2 < a^2,$$

(30) $$r = a \pm \varepsilon x.$$

Donc les distances du point (x, y) aux deux points dont il s'agit seront

$$a - \varepsilon x, \quad a + \varepsilon x,$$

et la somme de ces distances sera constamment équivalente à $2a$. On reconnaît évidemment ici la propriété caractéristique de l'*ellipse*.

Considérons, en second lieu, l'équation

$$\frac{x^2}{a^2} - \frac{y^2}{b^2} = 1,$$

à laquelle on ramène l'équation (22) quand on change entre elles, d'une part les coordonnées (x, y), d'autre part les constantes a et b, et posons

(31) $$a^2 + b^2 = a^2 \varepsilon^2.$$

On déduit

$$-\frac{b^2}{a^2} = 1 - \varepsilon^2,$$

substituant dans l'équation

$$y^2 = -\frac{b^2}{a^2}(a^2 - x^2)$$

cette équation devient

$$(32) \qquad y^2 = (1 - \varepsilon^2)(a^2 - x^2).$$

Par suite, si l'on appelle r la distance comprise entre le point (x, y) de la courbe et l'un des points situés sur l'axe des x à une distance $a\varepsilon$, on aura toujours

$$r^2 = (a \pm \varepsilon x)^2;$$

puis on conclura, en ayant égard aux conditions

$$\varepsilon^2 > 1, \qquad x^2 > a^2, \qquad \varepsilon^2 x^2 > a^2, \quad \text{et supposant } x \text{ positive}$$

$$(33) \qquad r = \varepsilon x \pm a.$$

Donc les distances des points (y, x) aux deux points dont il s'agit, seront

$$\varepsilon x - a \qquad \text{et} \qquad \varepsilon x + a,$$

et la différence de ces distances sera constamment égale à $2a$. On reconnaît évidemment ici la propriété caractéristique de l'*hyperbole*.

Dans les équations (28) et (31), la constante ε en ce qu'on appelle l'*excentricité* de l'ellipse ou de l'hyperbole.

Considérons enfin l'équation

$$(34) \qquad y^2 = 2cx,$$

à laquelle se réduit la formule (19) quand on choisit convenablement la direction des x positives. Si l'on nomme r la distance comprise entre un point (x, y) de la courbe (34) et le point situé sur le demi-axe des x positives à la distance $\frac{1}{2}c$ de l'origine, on aura

$$r^2 = \left(x - \frac{1}{2}c\right) + y^2 = \left(x + \frac{1}{2}c\right)^2$$

et par suite

$$(35) \qquad r = x + \frac{1}{2}c,$$

donc cette distance sera équivalente à celle qui séparera le point (x, y) de la parallèle de l'axe des y, à laquelle appartient l'équation

$$r = -\frac{1}{2}c. \qquad (56)$$

Or on reconnait évidemment ici la propriété caractéristique de la *parabole*.

Théorie des Centres.

On appelle *centre* d'une courbe un point tel que toute sécante à cette courbe qui y passe a ses points d'intersection situés deux à deux à égale distance de ce point.

Il résulte de cette définition que quand des courbes de degré impair ou pair auront un centre, ce centre sera sur cette courbe ou hors de cette courbe puisque, dans le premier cas, toutes sécantes donneront généralement un nombre impair d'intersections et, dans le second, un nombre pair.

Il pourrait se faire cependant que, dans ce dernier cas, le centre fût situé sur la courbe, si, dans ses diverses sinuosités, cette courbe passait par ce point un nombre pair de fois.

Théorème I. *Si l'origine des coordonnées est au centre d'une courbe du second degré, les termes du premier degré, par rapport aux coordonnées, n'entre pas dans l'équation de cette ligne.*

Démonstration. Soit

$$Ax^2 + By^2 + 2Cxy + 2Dx + 2Ey = K.$$

Le centre étant à l'origine des coordonnées, toute droite, menée par ce point, aura pour équation

$$y = ax;$$

par la substitution de cette valeur de y dans l'équation de la courbe, il vient

$$(Ba^2 + 2Ca + A)x^2 + 2(Ea + D)x = K,$$

équation qui fournira les abscisses des points d'intersection de la droite avec la courbe.

Mais cette droite étant partagée à l'origine en deux parties égales, les racines de cette équation devront être égales et de signes contraires ; ce qui exige que l'on ait

$$Ea + D = 0 .$$

Or cette égalité devant exister quel que soit a, on doit avoir séparément

$$E = 0 , \qquad D = 0 .$$

Donc l'origine étant au centre d'une courbe du second degré, les termes du premier degré, par rapport à x et à y, n'entrent pas dans son équation. Ce qu'il fallait démontrer.

Réciproquement. *Lorsque les termes du premier degré n'entrent pas dans l'équation du second ordre, l'origine est au centre de cette courbe.*

Démonstration. En effet, si l'on recherche les abscisses des points d'intersection d'une droite passant par l'origine,

$$y = ax ,$$

avec la courbe, on aura

$$(Ba^2 + 2Ca + A) x^2 + 2(Ea + D) x = K ;$$

et comme

$$D = 0 , \qquad E = 0 .$$

Les racines de cette équation seront donc égales et de signes contraires, quelque soit d'ailleurs a. Donc toutes sécantes

$$y = ax$$

étant coupées à l'origine en deux parties égales, l'origine sera au centre de cette courbe.

Problème I. *Trouver le centre des lignes que représente l'équation générale du second degré à deux variables.*

Solution. Désignons par (ξ , v) les coordonnées du centre des courbes que représente l'équation (1); en y transportant l'origine des coordonnées, il viendra

$$Ax^2 + By^2 + 2Cxy + 2D_1 x + 2E_1 y = K - h ,$$

équation dans laquelle

(37) $$h = A\xi^2 + B\eta^2 + 2C\xi\eta + 2D\xi + 2E\eta.$$

Or, en vertu du THÉORÈME 1, on devra avoir

$$D_1 = 0, \quad E_1 = 0,$$

ou

(38) $$A\xi + C\eta + D = 0,$$

(39) $$B\eta + C\xi + E = 0,$$

formules d'où l'on tire

(40) $$\xi = \frac{BD - CE}{C^2 - AB},$$

(41) $$\eta = \frac{AE - CD}{C^2 - AB}.$$

Il peut se faire maintenant que $C^2 - AB$ soit 1° différent de zéro, 2° égal à zéro.

Alors 1° la courbe, que l'équation générale représente, aura un centre puisque les valeurs de ξ et de η seront réelles et finies. Cette courbe sera d'ailleurs une ellipse ou une hyperbole, selon que $C^2 - AB$ sera <0 ou >0.

Il peut arriver, dans ce cas, que les quantités $BD - CE$ et $AE - CD$ soient toutes deux différentes de zéro ou égales à zéro; ou l'une étant nulle, l'autre différente de zéro.

Dans le *premier* cas, le centre sera situé dans un quelconque des angles que forment les axes et déterminé de position si tous les coefficients sont constants; dans le cas contraire, c'est-à-dire si l'une des quantités A, B, C, D, E était arbitraire, on pourrait assujettir le centre à la condition générale

$$\frac{\xi}{\eta} = \frac{n}{m}, \quad m \text{ et } n \text{ étant réels et entiers.}$$

Dans le *second* cas, c'est-à-dire lorsque les numérateurs des valeurs de ξ, η sont simultanément égaux à zéro, le centre est à l'origine primitive ou, en d'autres termes, la courbe est primitivement rapportée à son centre.

En effet des deux conditions

$$BD = CE,$$

$$AE = CD,$$

on tire, en les multipliant membre à membre,

$$(C^2 - AB)\,DE = 0.$$

Or $C^2 - AB$ étant différents de zéro, il faut que l'on ait

$$D = 0 \quad \text{et} \quad E = 0,$$

et l'équation devient

$$Ax^2 + By^2 + 2Cxy = K,$$

qui est satisfaite par $+x$ et $+y$ en même temps que par $-x$ et $-y$: donc le centre de la courbe est à l'origine.

Dans le *troisième* cas, le centre sera situé sur l'axe des x ou des y, selon que l'une des deux quantités

$$BD - CE \quad \text{ou} \quad AE - CD$$

sera nulle.

2° Enfin si $C^2 - AB = 0$, auquel cas la courbe que représente l'équation (1) est une parabole, le centre de cette courbe est situé à l'infini, c'est-à-dire qu'elle n'en a pas.

Si l'on avait en même temps

$$BD - CE = 0, \tag{42}$$

$$AE - CD = 0, \tag{43}$$

le centre étant alors indéterminé, la ligne que représente l'équation générale du second degré serait susceptible d'en avoir une infinité. Mais alors il est facile de voir que l'équation (1) dégénère en un système de deux droites parallèles dont le lieu des centres est une ligne droite située à égale distance de ces dernières.

En effet des deux équations (42) et (43) on tire la suivante

$$(C^2 - AB)\,DE = 0$$

qui peut être satisfaite par $D = 0$, $E = 0$; l'équation (1) se réduit donc à

$$Ax^2 + By^2 + 2Cxy = K,$$

ou

$$y = -\frac{Cx}{B} \pm \frac{1}{B}\sqrt{(C^2 - AB)x^2 + BK};$$

et, comme $C^2 - AB = 0$, on a

(44) $$y = -\frac{Cx}{B} \pm \frac{1}{B}\sqrt{BK},$$

équation de deux droites parallèles, si toutefois B et K sont de même signe et dont le lieu des centres de ce système est donné par l'équation

(45) $$y = -\frac{C}{B}x.$$

Corollaire 1. Il est utile d'observer que, pour obtenir les formules (38) et (39), il suffira de prendre successivement dans l'équation (1) la dérivée de cette équation par rapport à x et y.

Corollaire 2. Si l'on multiplie la formule (38) par ξ et la formule (39) par η, il vient

(46) $$A\xi^2 + C\xi\eta + D\xi = 0,$$

(47) $$B\eta^2 + C\xi\eta + E\eta = 0.$$

Ajoutant ces deux équations, l'on a

(48) $$A\xi^2 + B\eta^2 + 2C\xi\eta = -(D\xi + E\eta);$$

d'où il suit que dans l'hypothèse admise la formule (37) devient

(49) $$h = A\xi^2 + B\eta^2 + 2C\xi\eta + 2D\xi + 2E\eta = D\xi + E\eta = \frac{AE^2 + BD^2 - 2CDE}{C^2 - AB}.$$

Théorie des Sommets.

On appelle *sommet* d'une courbe du second degré le point où le grand axe de cette courbe la rencontre.

Il résulte de cette définition que la courbe, étant rapportée à l'un de ses sommets et à son grand axe, sera de la forme

(50) $$Ax^2 + By^2 + 2Dx = 0$$

puisque son équation devra être satisfaite par $x = 0$ $y = 0$ et ne devra point, en outre, être altérée quand on y remplacera y par $-y$.

Problème II. *Trouver les sommets d'une courbe du second ordre.*

Solution. Soit (α, β) les coordonnées de ces sommets, si l'on pose dans l'équation (1)

$$x = x_1 + \alpha,$$

$$y = y_1 + \beta,$$

par la substitution de ces valeurs, on arrivera à l'équation transformée

$$Ax^2 + By^2 + 2Cxy + 2D_1x + 2E_1y = K_1,$$

dans laquelle

(51) $$D_1 = A\alpha + C\beta + D,$$

(52) $$E_1 = B\beta + C\alpha + E,$$

$$K_1 = K - (A\alpha^2 + B\beta^2 + 2C\beta\alpha + 2D\alpha + 2E\beta);$$

puis ensuite, par la transformation (a), on arrivera à la seconde équation

(53) $$A_1x^2 + B_1y^2 + 2C_1xy + 2D_2x + 2E_2y = K_1,$$

dans laquelle

A_1, B_1, C_1 seront données par les formules (3), (4) (5) : D_2, E_2, par les formules (6) et (7), où l'on aura remplacé D par D_1 et E par E_1.

Cela posé, pour que la courbe, que représente l'équation (1), soit rapportée à l'un de ses sommets et à son grand axe, il faut que l'équation de cette courbe soit de même forme que la formule (50).

Il faut donc que l'on ait

(54) $$2C_1 = 0,$$

(55) $$2E_1 = 0,$$

(56) $$K_1 = 0$$

de l'équation (11) ou (54), on déduit

(57) $$\tan g\,\alpha = -\frac{A-B}{2C} \pm \frac{1}{2C}\sqrt{\left[1 + \frac{(A-B)^2}{4C^2}\right]}$$

valeurs qui seront toujours réelles.

De l'équation (7) ou (55), on tire

(58) $$\tan g\,\alpha = \frac{E_1}{D_1} = \frac{B\beta + C\alpha + E}{A\alpha + C\beta + D}.$$

Or il y a deux cas à considérer, selon que $C^2 - AB$ sera différent de zéro ou égal à zéro.

Dans le premier cas, pour déterminer α et β, il suffira d'égaler le dernier membre de l'équation (58) avec une valeur de $\tan g\,\alpha$, convenablement choisie dans l'équation (57). Alors, à l'aide de l'équation résultante et de l'équation (56), on en déduira les valeurs de α et β.

Dans le second cas, c'est-à-dire lorsque $C^2 - AB = 0$, l'équation (57) se réduit à

$$\tan g\,\alpha = -\frac{A - B \pm (A + B)}{2C},$$

d'où

(59) $$\tan g\,\alpha = -\frac{A}{C},$$

(60) $$\tan g\,\alpha = \frac{B}{C}.$$

Cette dernière valeur ne saurait s'accorder avec le dernier membre de l'équation (58), car elle conduirait à la relation

$$BD - CE = 0$$

qui, jointe à $C^2 - AB = 0$, exprime que la courbe (1) dégénère dans le système de deux droites parallèles.

Il faudra donc prendre

$$\tang\alpha = -\frac{A}{C}$$

et égaler cette valeur de $\tang\alpha$ au dernier membre de l'équation (58); il viendra alors

$$C(A+B)\beta + (A^2+C^2)\alpha + AD + CE = 0,$$

éliminant β entre cette dernière et l'équation

$$K_1 = 0$$

et observant que $C^2 - AB = 0$, on arrivera au système de valeur

$$\alpha = \frac{B^2E^2 + 2ACDE + 2ABE^2 - ABD^2 + BK(A+B)^2}{2(A+B)(BD-CE)},$$

$$\beta = \frac{A^2D^2 + 2BCDE + 2ABD^2 - ABE^2 + AK(A+B)^2}{2(A+B)(AE-CD)},$$

ce qui prouve que la parabole n'a qu'un seul sommet.

Il est à remarquer que, comme dans certains cas particuliers, ces formules pourraient devenir illusoires, il sera convenable d'y remplacer C par $\sqrt{AB}$, et on aura

(61) $$\alpha = \frac{(BE^2 - AD^2)\sqrt{B} + 2(E\sqrt{B} + D\sqrt{A})AE + K(A+B)^2\sqrt{B}}{2(A+B)^2(D\sqrt{B} - E\sqrt{A})},$$

(62) $$\beta = \frac{(AD^2 - BE^2)\sqrt{A} + 2(D\sqrt{A} + E\sqrt{B})BD + K(A+B)^2\sqrt{A}}{2(A+B)^2(E\sqrt{A} - D\sqrt{B})}.$$

PROBLÈME III. *L'équation* (1) *représentant une ellipse ou une hyperbole, trouver 1° son centre, 2° la direction de ses axes principaux, 3° la longueur de ces mêmes axes.*

Solution. 1° Le centre est donné par les formules (40) et (41);

2° La direction des axes principaux par la formule (10);

3° Pour trouver la longueur de ces mêmes axes, il faut d'abord calculer dans l'équation (2) ou (53) les valeurs de A_1 et B_1, en fonction de A, B, C.

Or on a les deux équations

$$A_1 = A\cos^2\alpha + B\sin^2\alpha + 2C\cos\alpha\sin\alpha,$$

$$B_1 = A\sin^2\alpha + B\cos^2\alpha - 2C\cos\alpha\sin\alpha;$$

desquelles on tire

$$A_1 + B_1 = A + B,$$

$$A_1 - B_1 = (A-B)\cos 2\alpha - 2C\sin 2\alpha = -2C\sin 2\alpha\left(1 + \frac{B-A}{2C}\cot. 2\alpha\right)$$

mais de la formule (10), on déduit

$$\cot 2\alpha = \frac{A-B}{2C},$$

d'ailleurs

$$\sin 2\alpha = \frac{1}{\text{coséc}\, 2\alpha} = \frac{1}{\sqrt{(1+\cot^2 2\alpha)}} = \frac{1}{\sqrt{\left[1+\frac{(A-B)^2}{4C^2}\right]}};$$

donc

$$(63)\quad A_1 - B_1 = -\frac{2C}{\sqrt{\left(1+\frac{(A-B)^2}{4C^2}\right)}}\left(1+\frac{(A-B)^2}{4C^2}\right) = -2C\sqrt{\left(1+\frac{(A-B)^2}{4C^2}\right)}$$

d'où

$$(64)\quad A_1 = \frac{A+B}{2} - C\sqrt{\left(1+\frac{(A-B)^2}{4C^2}\right)}$$

$$(65)\quad B_1 = \frac{A+B}{2} + C\sqrt{\left(1+\frac{(A-B)^2}{4C^2}\right)}$$

Il suit des formules (64) et (65) que, selon que C sera positif ou négatif, A_1 sera plus petit ou plus grand que B_1.

De ces formules, on déduit

$$A_1B_1 = AB - C^2;$$

donc les valeurs de A_1, B_1 seront données par l'équation du second degré

$$(66)\quad z^2 - (A+B)z + AB - C^2 = 0.$$

Les deux racines de cette équation, comme le prouve les formules (64) et (65), sont toujours réelles; elles seront d'ailleurs de même signe ou de signe contraire selon que $AB - C^2$ sera positif ou négatif, c'est-à-dire selon que l'équation représentera une ellipse ou une hyperbole.

Si $AB - C^2 = 0$, auquel cas l'équation (1) est celle d'une parabole, les deux racines de l'équation (61) sont

$$s_1 = A + B, \qquad s_2 = 0. \tag{67}$$

Si l'on suppose $C > 0$, l'on a

$$B_1 = A + B, \tag{68}$$

c'est-à-dire que la parabole n'a qu'un seul axe principal.

Cela posé, si dans les formules

$$\frac{K_1}{A_1} = \pm a^2, \qquad \frac{K_1}{B_1} = \pm b^2,$$

que l'on obtient en désignant respectivement par a et b les valeurs de x et y, qui répondent à $y = 0$, $x = 0$, dans l'équation (16), et d'où l'on déduit

$$a = \sqrt{\frac{K_1}{A_1}}, \qquad b = \sqrt{\frac{K_1}{B_1}},$$

on remplace A_1, B_1, par leurs valeurs tirées des formules (64) et (65). On en conclut, en ayant égard à la formule (49),

$$a = \left\{ \frac{2[2CDE - AE^2 - BD^2 + K(C^2 - AB)]}{\left\{ A + B - 2C\sqrt{\left(1 + \frac{(A-B)^2}{4C^2}\right)} \right\}(C^2 - AB)} \right\}^{\frac{1}{2}},$$

$$b = \left\{ \frac{2[2CDE - AE^2 - BD^2 + K(C^2 - AB)]}{\left\{ A + B + 2C\sqrt{\left(1 + \frac{(A-B)^2}{4C^2}\right)} \right\}(C^2 - AB)} \right\}^{\frac{1}{2}},$$

ou

$$a^2 = -\frac{1}{2} \cdot \frac{K - h}{C^2 - AB}(A + B) - \frac{1}{2} \cdot \frac{K - h}{C^2 - AB} \sqrt{[(A + B)^2 + 4(C^2 - AB)]} \tag{69}$$

$$b^2 = -\frac{1}{2} \cdot \frac{K - h}{C^2 - AB}(A + B) + \frac{1}{2} \cdot \frac{K - h}{C^2 - AB} \sqrt{[(A + B)^2 + 4(C^2 - AB)]}. \tag{70}$$

PROBLÈME IV. *L'équation* (1) *étant celle d'une parabole, trouver* 1° *son sommet*, 2° *la direction de son axe*, 3° *la valeur de son paramètre.*

Solution. 1° Le sommet est donné par les formules (61) et (62) ;

2° La direction de son axe est donnée par l'équation

$$(71)\qquad \tang \alpha = -\frac{A}{C},$$

déduite de la formule (11) ; d'ailleurs la tangente α sera négative ou positive selon que A et C seront de même signe ou de signe contraire.

3° De l'équation

$$D_2 = D_1 \cos\alpha + E_1 \sin\alpha = (D_1 + E_1 \tang\alpha) \cos\alpha,$$

en observant que

$$\tang \alpha = -\frac{A}{C},$$

d'où

$$\cos\alpha = \frac{C}{\sqrt{(A^2+C^2)}};$$

on tire

$$(72)\qquad D_1 \cos\alpha + E_1 \sin\alpha = -\frac{AE - CD}{\sqrt{(A^2+C^2)}},$$

en ayant égard à la formule (58). Or, à l'aide de cette équation et de la formule (68), on aura dans la formule (19)

$$(73)\qquad \pm c = \pm \frac{AE - CD}{(A+B)\sqrt{(A^2+C^2)}}.$$

Scolie. Il est bon d'observer que, dans certains cas, les formules (71) et (73) pouvant devenir illusoires, il sera convenable d'y remplacer C par $\sqrt{AB}$, et l'on aura ainsi

$$(74)\qquad \tang\alpha = -\sqrt{\frac{A}{B}} \qquad (75)\qquad \pm c = \pm \frac{E\sqrt{A} - D\sqrt{B}}{(A+B)\sqrt{(A+B)}}.$$

Théorie des Foyers.

Le *foyer* (x_1, y_1) d'une courbe du second degré est un point tellement situé que sa distance, à un point quelconque (x, y) de la courbe, est une fonction rationnelle et entière des ordonnées de ce point.

Soit l'équation générale du second degré

$$Ax^2 + By^2 + 2Cxy + 2Dx + 2Ey = K,$$

rapportée, pour plus de simplicité, à un système de coordonnées rectangulaires, on aura, pour l'expression de la distance Δ du point (x_1, y_1) au point (x, y),

$$\Delta = [(x - x_1)^2 + (y - y_1)^2]^{\frac{1}{2}}$$

Si donc l'on veut que le point (x_1, y_1) soit un foyer, on devra avoir

(76) $$\sqrt{[(x - x_1)^2 + (y - y_1)]} = \varepsilon x + \tau y + \omega$$

et tout se réduira à exprimer que cette équation est identique avec la proposée ou du moins qu'elle n'en diffère que par un facteur constant.

Il faudra donc déterminer (x_1, y_1), de manière à rendre identique, quel que soit (x, y), l'équation

$$(x - x_1)^2 + (y - y_1)^2 - (\varepsilon x + \tau y + \omega)^2 = \lambda(Ax^2 + By^2 + 2Cxy + 2Dx + 2Ey - K);$$

et ainsi on obtiendra entre les six inconnues

$$x_1, y_1, \varepsilon, \tau, \omega, \lambda.$$

les six équations suivantes, en nombre suffisant pour les déterminer,

(77) $$\left\{\begin{array}{ll} 1 - \varepsilon^2 = \lambda A, & -x_1 - \varepsilon\omega = \lambda D, \\ 1 - \tau^2 = \lambda B, & -y_1 - \tau\omega = \lambda E, \\ -\tau\varepsilon = \lambda C, & x_1^2 + y_1^2 - \omega^2 = -\lambda K. \end{array}\right.$$

Il résulte de là que les courbes du second degré ont, généralement parlant, quatre foyers, car, par l'élimination de $\varepsilon, \tau, \omega, \lambda$, on arriverait à deux équations du second degré, en x_1, y_1, fonctions des coefficients de la proposée.

Appliquons cette méthode à l'ellipse et prenons son équation la plus simple

$$\frac{x^2}{a^2}+\frac{y^2}{b^2}-1=0,$$

on aura alors

$$A=\frac{1}{a^2},\ B=\frac{1}{b^2},\ C=0,\ D=0,\ E=0,\ K=1\,;$$

en sorte que les six équations deviendront

$$1-\varepsilon^2=\frac{\lambda}{a^2},\qquad x_1+\varepsilon\omega=0,\qquad \tau\varepsilon=0,$$

$$1-\tau^2=\frac{\lambda}{b^2},\qquad y_1+\tau\omega=0,\qquad x_1^2+y_1^2-\omega^2=-\lambda\,;$$

d'où l'on tire ces deux systèmes de valeur

1° $\varepsilon=0$ $\qquad x_1=0,\qquad \lambda=a^2,$

$$\tau=\frac{1}{b}\sqrt{b^2-a^2},\qquad \omega=b,\qquad y_1=\pm\sqrt{b^2-a^2}\,;$$

2° $\tau=0,\qquad \omega=a,\qquad \varepsilon=\frac{1}{a}\sqrt{a^2-b^2},$

$$\lambda=+b^2,\qquad y_1=0,\qquad x_1=\pm\sqrt{a^2-b^2}.$$

Si l'on suppose l'axe des x le plus grand, ce sera ce second système qui sera réel.

On se comporterait de la même manière pour tous les foyers de l'hyperbole.

Soit l'équation de la parabole

$$y^2=2cx,$$

ce qui donnera

$$A=0,\quad B=1,\quad C=0,\quad D=-c,\quad E=0,\quad K=0\,;$$

en conséquence, les six équations deviendront

$$1-\varepsilon^2=0,\qquad x_1+\varepsilon\omega=+\lambda c,\qquad \tau\varepsilon=0,$$

$$1-\tau^2=\lambda,\qquad y_1+\tau\omega=0,\qquad x_1^2+y_1^2-\omega^2=0.$$

Théorie des Diamètres.

§ IV. On nomme *diamètre* d'une courbe, le lieu des milieux d'un système de cordes parallèles; ce lieu peut être une ligne de degré quelconque dont la nature dépendra de celle de la courbe proposée.

PROBLÈME I. *Trouver les diamètres d'une courbe du second ordre.*

Solution. Soit dans un plan, x, y les coordonnées d'un point quelconque rapporté à deux axes rectangulaires, l'équation la plus générale des lignes du second degré sera de la forme

(1) $$Ax^2 + By^2 + 2Cxy + 2Dx + 2Ey = K.$$

Si par un second point, dont les coordonnées sont (x_1, y_1), on mène une droite de manière à former avec l'axe des x un angle ψ, compris entre 0 et π, son équation sera

$$y - y_1 = \operatorname{tang}\psi(x - x_1)$$

ou

(2) $$\frac{y - y_1}{\sin\psi} = \frac{x - x_1}{\cos\psi};$$

si l'on pose

(3) $$r = \sqrt{[(x - x_1)^2 + (y - y_1)^2]},$$

c'est-à-dire si l'on désigne par r la distance des deux points (x, y) (x_1, y_1), les axes étant rectangulaires, on aura en outre

(4) $$\frac{y - y_1}{\sin\psi} = \frac{x - x_1}{\cos\psi} = r,$$

d'où l'on tire

$$y = y_1 + r\sin\psi, \qquad x = x_1 + r\cos\psi.$$

Concevons maintenant que le point (x_1, y_1) coïncide avec le milieu d'une corde de la ligne (1) et le point (x, y) avec l'une des extrémités de cette corde; la longueur de la même corde sera égale au double de la distance r et la formule (1) sera vérifiée par les valeurs de x et de y, tirées de ces équations. Donc si l'on fait pour abréger

(5) $$s = A\cos^2\psi + B\sin^2\psi + 2C\cos\psi\sin\psi,$$

(6) $$t = (Ax_1 + Cy_1 + D)\cos\psi + (Cx_1 + By_1 + E)\sin\psi,$$

(7) $$u = Ax_1^2 + By_1^2 + 2Cx_1y_1 + 2Dx_1 + 2Ey_1,$$

on aura

(8) $$sr^2 + 2tr + u = K,$$

et, par suite, en faisant $t = 0$, afin d'exprimer que le point $(x_1 y_1)$, est sur le milieu de la corde $2r$, l'équation (8) se réduit à

(9) $$sr^2 + u = K.$$

Or, dans cette équation, l'angle ψ demeurant constant, la corde $2r$ ne pourra varier que par des valeurs différentes de x_1 et de y_1, déduites de l'équation

(10) $$t = 0;$$

et comme il est facile de voir, d'après la forme de l'équation (9), que chacun de ces points partage la corde qui lui correspond en deux parties égales, on en conclut que les milieux des cordes parallèles aux lignes du second ordre sont situés sur une ligne droite dont l'équation est $t = 0$. Cette équation est donc l'équation générale des diamètres des lignes du second ordre. D'ailleurs comme dans l'équation (10) l'angle ψ reste totalement arbitraire, il s'en suit que les courbes du second degré ont une infinité de diamètres; il est visible, en outre, qu'ils passent tous par le centre, puisque, quel que soit ψ, cette équation est satisfaite par des valeurs de x_1, y_1, déduites des deux équations

$$Ax_1 + Cy_1 + D = 0, \qquad Cx_1 + By_1 + E = 0,$$

qui ne sont autres que les équations du centre.

De l'équation (10), on déduit, en posant $\tan\psi = a'$ et en supprimant les signes dont sont affectés les variables x, y,

(11) $$y = -\frac{Ca' + A}{Ba' + C}x - \frac{Da' + Ea'}{Ba' + C},$$

ou

(12) $$y = -\left(\frac{C}{B} - \frac{C^2 - AB}{B(Ba' + C)}\right)x - \frac{Da' + Ea'}{Ba' + C},$$

et si $C^2 - AB = 0$, auquel cas la courbe que représente l'équation (1) est une parabole, l'équation (12) devient

$$y = -\frac{C}{B}x - \frac{Da^n + Ea^n}{Ba^n + C},$$

ce qui prouve que dans la parabole tous les diamètres sont parallèles.

Si l'on voulait avoir les diamètres principaux des lignes du second ordre, il suffirait d'exprimer que la corde rr est perpendiculaire à la ligne $t = 0$, que décrit son point milieu, et, par conséquent, de poser

(13) $$1 + \text{tang}\,\psi\,\text{tang}\,\varphi = 0 \qquad \text{en faisant } \text{tang}\,\varphi = -\frac{A\cos\varphi + \sin\varphi}{C\cos\varphi + B\sin\varphi}.$$

Dans ce cas, la droite que représente l'équation (10) jouit alors de la propriété de partager la courbe en deux parties égales.

L'équation (13), pouvant se mettre sous la forme

(14) $$\frac{A\cos\psi + C\sin\psi}{\cos\psi} = \frac{C\cos\psi + B\sin\psi}{\sin\psi},$$

on en déduit

(15) $$C(\sin^2\psi - \cos^2\psi) + (A - B)\cos\psi\sin\psi = 0,$$

ou

(16) $$\frac{\sin^2\psi}{\cos^2\psi} - 1 + \frac{A - B}{C}\,\frac{\sin\psi}{\cos\psi} = 0,$$

et par suite, en ayant égard à la formule $\text{tang}\,2\psi = \dfrac{2\,\text{tang}\,\psi}{1 + \text{tang}\,\psi}$,

(17) $$\text{tang}\,2\psi = \frac{2C}{A - B};$$

d'où l'on voit que dans les courbes du second degré il ne peut y avoir plus de deux diamètres principaux; il est aisé de voir d'ailleurs qu'elles en admettent au moins un, car l'équation (5) pouvant se mettre sous la forme

(18) $$s = (A\cos\psi + C\sin\psi)\cos\psi + (B\sin\psi + C\cos\psi)\sin\psi,$$

on en tire, en ayant égard à l'équation (14),

(19) $$s = \frac{(C\cos\psi + B\sin\psi)}{\sin\psi}(\cos^2\psi + \sin^2\psi),$$

et par conséquent

(20) $$s = \frac{C\cos\psi + B\sin\psi}{\sin\psi} = \frac{A\cos\psi + C\sin\psi}{\cos\psi},$$

ou, ce qui revient au même,

(21) $$(A - s)\cos\psi + C\sin\psi = 0,$$

(22) $$C\cos\psi + (B - s)\sin\psi = 0;$$

puis, éliminant l'angle ψ, il vient

(23) $$(A - s)(B - s) - C^2 = 0,$$

d'où

$$s^2 - (A + B)s + AB - C^2 = 0$$

et

(24) $$s = \frac{A + B}{2} \pm \sqrt{\left[\left(\frac{A - B}{2}\right)^2 + C^2\right]},$$

valeurs qui, évidemment, ne peuvent jamais devenir imaginaires; elles ne peuvent non plus être nulles simultanément, car, pour cela, il faudrait que l'on eut $A = B = C = 0$, mais alors l'équation (1) cesse d'être du second degré. Donc enfin les lignes du second ordre ont toujours un axe principal.

D'ailleurs ces deux valeurs de s seront inégales, de même signe ou de signe contraire selon que l'on aura

$$C^2 - AB > 0$$

ou

$$C^2 - AB < 0;$$

en d'autres termes, selon que la courbe que représente l'équation (1) sera ou une hyperbole ou une ellipse.

Dans ce cas, les équations (21), (22) fournissent chacune une valeur unique et réelle de $\tan\psi$.

Si les valeurs de s dans l'équation (24) étaient égales, auquel cas l'on aurait

$$A = B, \quad C = 0,$$

Les équations (21), (22) se trouvant vérifiées quel que soit ψ, il s'ensuit qu'en attribuant successivement à cet angle une infinité de valeurs diverses, on obtiendrait une infinité de droites dont chacune pourrait être considérée comme un diamètre principal du cercle que représente dans ce cas l'équation (1).

Enfin si l'on avait $C^2 - AB = 0$, auquel cas la courbe est une parabole, l'une des racines de l'équation (23) étant nulle, on en conclut que cette ligne n'a qu'un seul diamètre principal.

Cela posé, soit dans l'équation (11)

$$a' = -\frac{A + Ca^0}{C + Ba^0},$$

on aura entre a^0 et a' l'équation de relation

(25) $$Ba^0a' + C(a^0 + a') + A = 0.$$

Sous cette condition, les deux diamètres de la courbe, dont a^0 et a' sont les tangentes trigonométriques des angles que chacun d'eux forme avec l'axe des x, sont dits *diamètres conjugués* de la courbe.

Cela étant, en prenant les formules qui servent à passer d'un système de coordonnée rectangulaire à un système de coordonnée oblique, l'origine étant la même, on arrivera, par la substitution de ces valeurs dans l'équation (1), à la transformée

(26) $$ex^2 + fy^2 + 2kxy + 2ix + 2jy = K,$$

dans laquelle

(27) $$e = A\cos^2\alpha + B\sin^2\alpha + 2C\cos\alpha\sin\alpha,$$

(28) $$f = A\cos^2\beta + B\sin^2\beta + 2C\cos\beta\sin\beta,$$

(29) $$k = A\cos\alpha\cos\beta + B\sin\alpha\sin\beta + C(\cos\alpha\sin\beta + \sin\alpha\cos\beta),$$

(30) $$i = D\cos\alpha + E\sin\alpha,$$

(31) $$j = D\cos\beta + E\sin\beta;$$

de l'équation (29), on déduit

$$A + B\tan\alpha\tan\beta + C(\tan\alpha + \tan\beta) = \frac{k}{\cos\alpha\cos\beta}.$$

Or, pour que les nouveaux axes soient conjugués l'un à l'autre, il faut et il suffit que l'on ait entre α et β la relation (25) d'où l'équation $k = 0$. Concluons donc que toutes les fois que la courbe sera rapportée à deux semblables diamètres, ou à deux axes qui leur seront parallèles respectivement, l'équation de cette courbe manquera du terme xy. D'ailleurs, comme il existe une infinité de diamètres conjugués, il s'ensuit que la disparition du terme en xy dans l'équation (1) est toujours possible.

Si l'on rapporte à son centre la courbe que représente l'équation (1), cette équation se réduira à

$$(32) \qquad Ax^2 + By^2 + 2Cxy = H.$$

Ainsi une courbe du second degré, douée d'un centre, étant rapportée à ce point et à ses axes conjugués, sera de la forme

$$(33) \qquad A_1 x^2 + B_1 y^2 = H$$

et la direction de ces diamètres conjugués, relativement au système d'axe rectangulaire, sera donnée par la formule

$$(34) \qquad B\alpha\alpha' + A = 0.$$

Si de ce système d'axes conjugués obliques on voulait repasser aux axes principaux, il suffirait d'astreindre, dans l'équation (33), α et α' à la condition

$$(35) \qquad 1 + \alpha\alpha' = 0.$$

Alors, à l'aide de la formule (25), l'équation

$$(36) \qquad \alpha^2 + \frac{(A-B)}{C}\alpha - 1 = 0$$

à laquelle on parvient, étant du second degré, et son dernier terme étant -1, démontre qu'il n'y a qu'un système unique de diamètres conjugués rectangulaires, qui d'ailleurs est le système des diamètres principaux de la courbe, puisque cette dernière équation est identique avec l'équation (11) du § III.

Soit

$$\pm a^2 = \frac{H}{A_1}, \qquad \pm b^2 = \frac{H}{B_1},$$

auquel cas l'équation (33) se réduit à celle-ci :

$$(37) \qquad \left(\frac{x}{a}\right)^2 \pm \left(\frac{y}{b}\right)^2 = 1,$$

la formule (34) devient

$$(38) \qquad \alpha'\alpha' = \mp\left(\frac{b}{a}\right)^2.$$

§ V. Théorème I. *Dans une ellipse, la somme des carrés de deux diamètres conjugués est constante et égale à la somme des carrés des deux axes.*

Démonstration. Soient (x_0, y_0) et (x_1, y_1) deux points de la courbe dont les distances à son centre soient respectivement a_0, b_0, nous aurons

$$(1) \qquad \left(\frac{x_0}{a}\right)^2 + \left(\frac{y_0}{b}\right)^2 = 1, \qquad (2) \quad \left(\frac{x_1}{a}\right)^2 + \left(\frac{y_1}{b}\right)^2 = 1$$

et

$$(3) \qquad x_0^2 + y_0^2 = a_0^2, \qquad (4) \quad x_1^2 + y_1^2 = b_0^2;$$

γ désignant l'angle que forment entr'eux les deux demi-diamètres a_0, b_0, nous aurons, par la formule

$$\sin^2\gamma = \frac{\operatorname{tang}^2\gamma}{1+\operatorname{tang}^2\gamma},$$

$$(5) \qquad \sin\gamma = \frac{x_0y_1 - y_0x_1}{a_0b_0}.$$

Cela étant, pour que $2a_0$, $2b_0$ soient des diamètres conjugués, il sera nécessaire et suffisant que le diamètre parallèle à la tangente en (x_0, y_0), contienne (x_1, y_1).

Or, l'équation de ce diamètre est

$$(6) \qquad \frac{x_0x}{a^2} + \frac{y_0y}{b^2} = 0.$$

On devra donc avoir

$$(7) \qquad \frac{x_0x_1}{a^2} + \frac{y_0y_1}{b^2} = 0;$$

mais des équations (1) et (2), on tire

$$x_0 = a\left(1 - \frac{y_0^2}{b^2}\right)^{\frac{1}{2}},$$

$$y_1 = b\left(1 - \frac{x_1^2}{a^2}\right)^{\frac{1}{2}},$$

et, par la substition de ces valeurs dans l'équation (7), on en déduit

(8)
$$\frac{x_0^2}{a^2} = \frac{y_1^2}{b^2}$$

et par suite

(9)
$$\left(\frac{x_0}{a}\right)^2 + \left(\frac{x_1}{a}\right)^2 = 1,$$

(10)
$$\left(\frac{y_0}{b}\right)^2 + \left(\frac{y_1}{b}\right)^2 = 1,$$

(11)
$$\left(\frac{x_0}{a}\right)\left(\frac{y_0}{b}\right) + \left(\frac{x_1}{a}\right)\left(\frac{y_1}{b}\right) = 0,$$

lesquelles reviennent à

(12) $x_0^2 + x_1^2 = a^2$, (13) $y_0^2 + y_1^2 = b^2$, (14) $x_0 y_0 + x_1 y_1 = 0$.

Cela posé, en prenant la somme des équations (12) et (13) et ayant égard aux équations (3) et (4), il vient

(15)
$$a_0^2 + b_0^2 = a^2 + b^2,$$

ce qui démontre le théorème.

Théorème II. *Dans l'ellipse, le parallélogramme construit sur deux diamètres conjugués est équivalent au rectangle construit sur les axes.*

Démonstration. Si du produit

$$x_0^2 y_0^2 + x_1^2 y_0^2 + x_0^2 y_1^2 + x_1^2 y_1^2 = a^2 b^2$$

des équations (12) et (13), on retranche le carré de l'équation (14), il vient

$$x_1^2 y_0^2 - 2x_1 y_0 x_0 y_1 + x_0^2 y_1^2 - (x_0 y_1 - y_0 x_1)^2 = a^2 b^2;$$

ayant égard à l'équation (5) et extrayant la racine carrée des deux membres de l'équation résultante, l'on arrive à la formule

(16) $$a_0 b_0 \sin\gamma = ab,$$
ce qui démontre le théorème.

Corollaire. Des formules (15) et (16), on déduit

(17) $$\left(\frac{1}{a}\right)^2 + \left(\frac{1}{b}\right)^2 = \left(\frac{1}{a_0 \sin\gamma}\right)^2 + \left(\frac{1}{b_0 \sin\gamma}\right)^2.$$

Si, connaissant les coordonnées (x_0, y_0) de l'extrémité d'un rayon, on voulait obtenir (x_1, y_1) de l'extrémité de son conjugué, on y parviendrait au moyen des équations (9) et (10), qui donnent

(18) $$x_1 = \sqrt{(a^2 - x_0^2)},$$ (19) $$y_1 = \sqrt{(b^2 - y_0^2)},$$

quantités faciles à construire.

Pour que les diamètres conjugués fussent égaux, il faudrait écrire

$$x_0^2 + y_0^2 = x_1^2 + y_1^2;$$

et en mettant pour x_1^2, y_1^2 dans cette formule les valeurs données par les équations (18) et (19), il viendra

(20) $$x_0^2 + y_0^2 = \frac{a^2 + b^2}{2};$$

cela étant, des formules (1) et (20), on tire

$$x_0 = \pm \frac{a}{\sqrt{2}}, \quad y_0 = \pm \frac{b}{\sqrt{2}};$$

de sorte que l'équation du diamètre qui, en général, est

$$y = \frac{y_0}{x_0} x$$

deviendra

$$y = \pm \frac{b}{a} x,$$

équation que l'on reconnaît facilement pour être celle de l'une ou de l'autre des deux diagonales du rectangle formé par les tangentes aux quatre sommets.

En mettant pour x_0, y_0 dans les formules (18) et (19) les valeurs que nous venons de trouver, on tire

$$\frac{y_1}{x_1} = \mp \frac{b}{a},$$

de sorte que l'équation du conjugué au premier diamètre, qui serait en général,

$$y = \frac{y_1}{x_1} x$$

devient dans le cas actuel

$$y = \mp \frac{b}{a} x.$$

Ainsi les diamètres dirigés suivant les deux diagonales du rectangle dont il a été ci-dessus question, sont à la fois conjugués l'un à l'autre et égaux entre eux et sont en outre les seules qui jouissent de cette double propriété.

THÉORÈME III. *De tous les systèmes de diamètres conjugués dans l'ellipse, les diamètres principaux sont ceux dont la somme est un* MINIMUM *et les diamètres conjugués égaux sont ceux dont la somme est un* MAXIMUM.

Démonstration. Si l'on ajoute et retranche successivement de l'équation (15) le double de l'équation (18) divisée préalablement par $\sin\gamma$, on a

$$(21)\quad a_0 + b_0 = \sqrt{\left[a^2 + b^2 + \frac{2ab}{\sin\gamma}\right]}, \qquad (22)\quad a_0 - b_0 = \sqrt{\left[a^2 + b^2 - \frac{2ab}{\sin\gamma}\right]}.$$

La formule (22) prouve qu'on ne saurait avoir

$$a^2 + b^2 < \frac{2ab}{\sin\gamma},$$

c'est-à-dire

$$\sin\gamma < \frac{2ab}{a^2 + b^2},$$

ou encore

$$\sin\gamma < 1 - \frac{(a-b)^2}{(a-b)^2 + 2ab},$$

quantité essentiellement positive et moindre que l'unité; ainsi $\sin\gamma$ est essentiellement compris entre les deux limites

$$1 \quad \text{et} \quad \frac{2ab}{a^2 + b^2}.$$

Lorsqu'il atteint la première, les équations (21) et (22) donnent

$$a_0 = a, \qquad b_0 = b,$$

c'est-à-dire que les demi-diamètres conjugués sont les demi-diamètres principaux.

Mais dans ce cas, la quantité radicale de l'équation

$$a_0 + b_0 = \sqrt{\left[a^2 + b^2 + \frac{2ab}{\sin\gamma}\right]}$$

est au *minimum*.

Lorsqu'il atteint la seconde limite,

$$\frac{2ab}{a^2+b^2};$$

l'équation (22) donne

$$a_0 = b_0,$$

c'est-à-dire que les deux diamètres conjugués sont égaux; mais alors la quantité radicale de l'équation

$$a_0 + b_0 = \sqrt{\left[a^2 + b^2 + \frac{2ab}{\sin\gamma}\right]}.$$

devient *maximum*. Le théorème est donc démontré.

THÉORÈME IV. *Dans toutes lignes du second ordre qui ont un centre, la somme des carrés des inverses de deux demi-diamètres perpendiculaires l'un à l'autre est une quantité constante.*

Démonstration. L'équation en coordonnée rectangulaire de toute ligne du second ordre pourvue d'un centre est réductible à la forme

$$Ax^2 + By^2 = C, \tag{23}$$

dans laquelle A, B, C, représentent non seulement les valeurs absolues, mais encore les signes des coefficients.

Or, pour passer du système primitif à un autre système rectangulaire de même origine, il suffit de poser

$$x = x_1 \cos\alpha - y_1 \sin\alpha,$$

$$y = x_1 \sin\alpha + y_1 \cos\alpha,$$

et, par la substitution de ces valeurs de x, y dans l'équation (23), il viendra

$$\left.\begin{matrix}A\cos^2\alpha \\ B\sin^2\alpha\end{matrix}\right| x^2 + \left.\begin{matrix}B\cos^2\alpha \\ +A\sin^2\alpha\end{matrix}\right\} y^2 + 2(B-A)\cos\alpha\sin\alpha\, xy = C.$$

Pour trouver les longueurs a et b des segments des axes des x et des y, interceptées par la courbe à partir de l'origine, il faudra faire tour à tour dans cette équation

$$x=a,\quad y=0;\quad \text{et}\quad x=0,\quad y=b;$$

ce qui donnera, pour déterminer a et b, les équations

$$(A\cos^2\alpha + B\sin^2\alpha)a^2 = C,\qquad (A\sin^2\alpha + B\cos^2\alpha)b^2 = C,$$

d'où l'on tire

$$\frac{1}{a^2} = \frac{A\cos^2\alpha + B\sin^2\alpha}{C},\qquad \frac{1}{b^2} = \frac{A\sin^2\alpha + B\cos^2\alpha}{C}.$$

et par suite, en observant que

$$\cos^2\alpha + \sin^2\alpha = 1,$$

(24) $$\frac{1}{a^2} + \frac{1}{b^2} = \frac{A+B}{C}.$$

Corollaire I. Si l'on rapporte l'ellipse à un système de diamètre conjugué, on sait qu'elle conservera la forme (23).

Soit A_1, B_1, C_1; A_2, B_2, C_2; les différentes valeurs que prendront pour deux systèmes d'axes conjugués, les quantités A, B, C, et γ, β, les angles que forment entre eux chacun de ces diamètres, dont nous désignerons respectivement la longueur par a_1, b_1, a_2, b_2. En vertu des formules (17) et (24), on aura

$$\sin^2\gamma = \frac{C(A_1+B_1)}{C_1(A+B)},\qquad \sin^2\beta = \frac{C(A_2+B_2)}{C_2(A+B)},$$

et conséquemment

(25) $$\left(\frac{\sin\gamma}{\sin\beta}\right)^2 = \frac{C_2(A_1+B_1)}{C_1(A_2+B_2)};$$

en vertu des mêmes formules, on aura en outre

$$(26) \qquad \frac{1}{a_1^2} + \frac{1}{b_1^2} = \frac{A+B}{C} \sin^2\gamma ,$$

$$\frac{1}{a_2^2} + \frac{1}{b_2^2} = \frac{A+B}{C} \sin^2\beta ,$$

d'où ce théorème plus général que le précédent.

Dans toutes lignes du second ordre qui ont un centre, la somme des carrés des inverses de deux demi-diamètres perpendiculaires l'un à l'autre ou conjugués est égale à une constante multipliée par le carré du sinus de l'angle que forment entre eux ces deux axes.

Si dans l'équation (26) on avait $a_1 = b_1$, auquel cas

$$\sin\gamma = \frac{2ab}{a^2 + b^2} ,$$

cette équation se réduirait à

$$(27) \qquad \frac{1}{a_1^2} = \frac{2AB}{C(A+B)} .$$

De la formule (23), on tire

$$a^2 b^2 = \frac{C^2}{AB} ,$$

conséquemment les longueurs a_0, b_0 de deux diamètres conjugués en fonction de A, B, C seront donnée par la formule

$$(28) \qquad z^4 - \frac{C(A+B)}{AB} z^2 + \frac{C^2}{AB\sin^2\gamma} = 0 .$$

Lorsque la ligne (1) est une ellipse ou une hyberbole, et que l'on suppose dans l'équation (10), § IV, les coordonnées x_1, y_1 égaux, respectivement à ξ et η, § III : alors, pour rendre cette équation propre à représenter un axe principal de la ligne (1), il suffit de choisir l'angle ψ de manière à vérifier la formule (14), § IV. Or, de cette dernière formule, combinée avec l'équation (2), on en déduira la suivante :

$$(29) \qquad C[(x-\xi)^2 - (y-\eta)^2] + (B-A)(x-\xi)(y-\eta) = 0 ,$$

que l'on pourra écrire sous la forme

$$C(x-\xi)^2 + B(x-\xi)(y-\eta) = C(y-\eta)^2 + A(x-\xi)(y-\eta),$$

ou en divisant successivement par $(x-\xi)$, et $(y-\eta)$,

$$\frac{A(x-\xi)+C(y-\eta)}{x-\xi} = \frac{C(x-\xi)+B(y-\eta)}{y-\eta};$$

équation qui se réduit à

(30)
$$\frac{Ax+Cy+D}{x-\xi} = \frac{Cx+By+E}{y-\eta}$$

en observant que

$$A\xi + C\eta = -D,$$

$$B\eta + C\xi = -E,$$

et qui, dans l'hypothèse admise représentera les deux axes principaux de la ligne (1).

Si l'on observe en outre que dans cette hypothèse, § IV,

$$u = h,$$

l'équation (9), § IV, donne

(31)
$$r = \sqrt{\frac{K-h}{s}}.$$

Si la ligne (1) est une ellipse et si l'on nomme $2a$, $2b$ les axes principaux; a, b sera évidemment les deux valeurs positives de r propres à vérifier l'équation

(32)
$$\left(A - \frac{K-h}{r^2}\right)\left(B - \frac{K-h}{r^2}\right) - C^2 = 0,$$

que produit l'élimination de s entre la formule (31) et la formule (25) du § IV; car de l'équation (32), on tire

(33)
$$r^2 = -\frac{1}{2}\cdot\frac{K-h}{C^2-AB}(A+B) \pm \frac{1}{2}\cdot\frac{K-h}{C^2-AB}(A+B)\sqrt{\left[1+4\cdot\frac{C^2-AB}{(A+B)^2}\right]}.$$

Au contraire, si la ligne (1) est une hyperbole, l'équation (33) n'offrira qu'une racine positive et si l'on désigne par a cette racine, $2a$ sera l'axe réel de l'hyperbole, c'est-à-dire la longueur interceptée par cette courbe sur l'axe principal qui la rencontre.

Théorème V. *Les portions d'une sécante quelconque, comprises entre l'hyperbole et ses asymptotes, sont égales entre elles.*

Démonstration. Désignons par ψ l'angle de deux asymptotes et par ω l'angle que fait une droite avec l'une d'elles, prise pour axe des x, l'équation de cette droite sera

(34) $$y = -a_1 x + b_1$$

en posant

(35) $$\frac{\sin\omega}{\cos(\psi-\omega)} = -a_1 ;$$

et si (x_1, y_1), (x_2, y_2) représentent les points d'insection de cette droite devenue sécante à la courbe

(36) $$xy = K ;$$

il est aisé de voir que ces points seront donnés par des équations de la forme

(37) $$\left\{ \begin{array}{l} x_1 = \dfrac{b_1 + B_1}{2a_1} \\ y_1 = \dfrac{b_1 - B_1}{2} \end{array} \right.$$ (38) $$\left\{ \begin{array}{l} x_2 = \dfrac{b_1 - B_1}{2a_1} \\ y_2 = \dfrac{b_1 + B_1}{2} \end{array} \right. ,$$

dans laquelle

(39) $$B_1 = \sqrt{(b_1^2 - 4a_1 K)},$$ (40) $$b_1 = y_1 + a_1 x_1 .$$

Conséquemment l'on aura, pour l'expression des distances, $x - x_1$, $y - y_1$, comprise, la première, entre les points

(41) $$x = \frac{b_1}{a_1}, \ y = 0,$$ (42) $$x = x_1, \ y = 0 ;$$

la seconde, entre les points

(43) $$x = 0, \quad y = b_1,$$ (44) $$x = 0, \ y = y_1 ;$$

(45) $$x - x_1 = \frac{b_1 - B_1}{2a_1},$$

(46) $$y - y_1 = \frac{b_1 - B_1}{2},$$

d'où

$$x - y_1 = y_2, \qquad x - x_1 = x_2 .$$

Cela posé, si l'on appelle r_0 la distance du point (x_1, y_1) au point donné par la formule (41), et r_1 la distance du point (x_1, y_1) au point donné par la formule (45); en vertu d'un théorème de trigonométrie, on aura pour l'expression de chacune de ces distances

$$(47) \qquad r_0 = \frac{(x - x_1) - y_1}{\cos\varphi} = \frac{1 - a_1}{\cos\varphi} \cdot \frac{b_1 - B_1}{2a_1} = \frac{b_1 - B_1}{2a_1} \cdot \mathfrak{M},$$

$$(48) \qquad r_1 = \frac{(y - y_1) - x_1}{\cos\varphi} = \frac{1 - a_1}{\cos\varphi} \cdot \frac{b_1 - B_1}{2a_1} = \frac{b_1 - B_1}{2a_1} \cdot \mathfrak{M}.$$

Or, si l'on remarque que $\varphi = \frac{1}{2}(\pi + \psi)$, l'on a

$$x - x_1 > y_1, \qquad x_1 > y - y_1;$$

des formules (47) et (48), on tire la relation

$$(49) \qquad r_0 = r_1,$$

ce qui démontre le théorème énoncé.

Corollaire I. Dans les formules (47) et (48), $\cos\varphi$ est donné par l'equation

$$(50) \qquad \cos\varphi = \frac{1}{\sqrt{\left[1 + \frac{4a_1}{(1 - a_1)^2} \cdot \sin^2 \frac{1}{2}\psi\right]}} = \frac{1 - a_1}{\mathfrak{M}^{\frac{1}{2}}};$$

conséquemment les valeurs de r_0 et de r_1 pourront être fournies par la formule

$$4a_1^2 r^2 - (b_1 - B_1)^2 \mathfrak{M} = 0,$$

ou, ce qui revient au même, par la suivante

$$(51) \qquad (b_1 - B_1)^2 r^2 - 4K^2 \mathfrak{M} = 0,$$

d'où

$$(52) \qquad r = \frac{2K}{\pm [b_1 + (b_1^2 - 4a_1 K)^{\frac{1}{2}}]} \cdot \mathfrak{M}^{\frac{1}{2}};$$

et si $b_1 = 0$,

$$(53) \qquad r = \frac{K^{\frac{1}{2}}}{\pm (-a_1)^{\frac{1}{2}}} \cdot \mathfrak{M}^{\frac{1}{2}}.$$

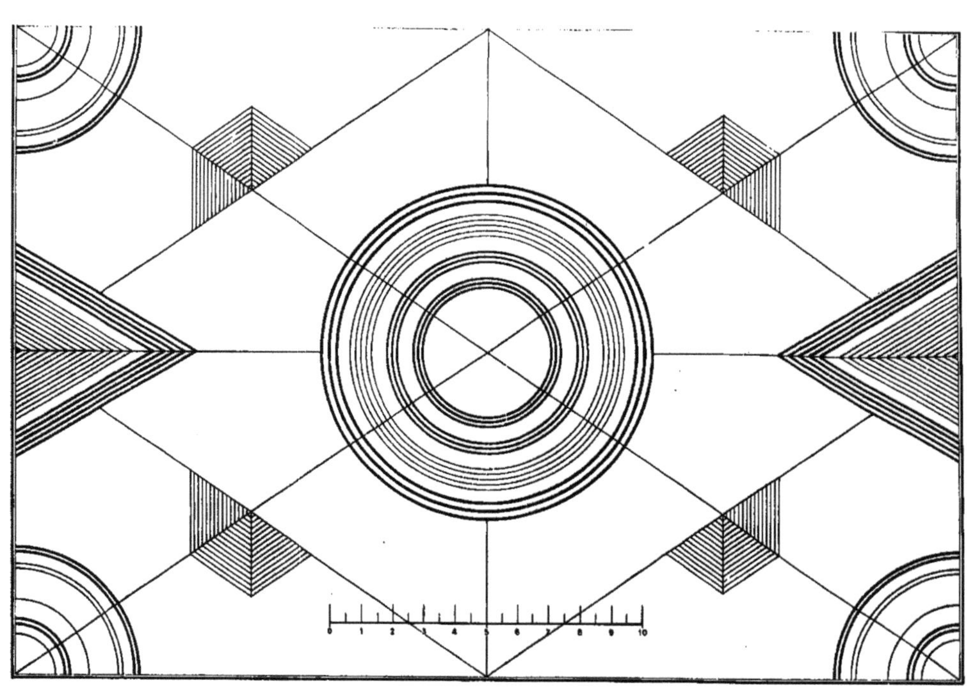

SERVICE PHOTOGRAPHIQUE

www.ingramcontent.com/pod-product-compliance
Ingram Content Group UK Ltd.
Pitfield, Milton Keynes, MK11 3LW, UK
UKHW020404230726
13925UKWH00003B/1255